卷首语

可持续的绿色环保与能源利用早已不是新鲜话题，事实上，自从1987年联合国环境与发展委员会发表《我们共同的未来》报告，从而将日益严峻的环境问题与人类社会的性命攸关展现在世人面前以来，如何重塑乃至构建生态家园便成为了全球瞩目的焦点。细数导致当代环境危机的根源，20世纪的人文学科研究难辞其咎。稍加梳理，我们便会发现，彼时西方学者殚精竭虑、孜孜求解的命题，都太过围绕人本主义的窠臼打转，在无形中滋生出蓬勃而盲目的崇拜与自大情绪，而对地球资源恣意无度地攫取与挥霍，便成为这种学术立场与支点的间接映射。而绿色环保概念出台的积极意义，在于其是对过去若干时期内人类所思、所述、所为的审慎自省，甚而言之，是对以往相关积郁的一次集中清扫，精神实质则不啻于一场"拨乱反正"的运动。它预示着人类在自我认知的道路上又深入了一步，而并非消极的趋利避害那样肤浅与简单。

尽管目标看似一致，而各个行业的亲力亲为也正逐步地将以往形而上的理念论断，推行至形而下的政策支持与方式引导，但我们心目中所期盼的那片"绿色"，至少在目前看起来仍然远不够单纯、通透与艳丽。仅以专业所涉的"住宅"领域而言，广及建筑标准的树立、规章条例的制定、质量控制体系的健全，细至建造策略的权衡、建筑形式的研究、设计手段的遴选……均面临专业理论的审核，及社会与公众的评判。再将其放诸国内辽阔的地域环境中，牵涉入各地方层级的利益关系，并代入各大开发、设计机构的基础现实，完美理想与局促现状的比照便愈发显得棘手与窘迫。更有甚者，"绿色"恐将成为一种"付诸四海皆准"的宣传口号，疏离了人文关照，而褪变为干枯的商业招牌，愈发地远离纯粹。因此，《住区》才不厌其烦，一次次地将这一话题铺陈于纸面展开讨论，希望通过各篇视角、内容迥异而主题统一的文章，在宣扬健康的生活理想与处世态度的同时，令"生态"的理想与诉求常驻公众心中，永葆鲜活，以此承受一份作为媒体的担当，表明我们的立场与姿态。

同时，本期《住区》还刊登了中国房地产及住宅研究会副会长、建设部住房政策专家委员会副主任顾云昌在2007年11月24日《住区》主办的"社会住宅"论坛上的发言。作为长期从事住宅与市场研究的业内专家，他在讲演中着眼背景，回顾历史，善施对比，深入浅出地细致阐述了自我心中"健康楼市与和谐人居"的理想状态，相信会带给大家别样的启示与思考。

此外，"金地"作为在业内声誉斐然的名牌企业，秉承"科学筑家"的服务理念，为自身在有限的市场中赢得了分量可观的赏识与认可。在"以人为本"的理论原点下，其如何以身下各地方、类别与层次的住宅项目画出"建筑为生活定制"的同心圆，值得我们揣摩与品味，《住区》 本期的"地产视野"便带您一探究竟。

总第30期 02/2008

图书在版编目（CIP）数据
住区.2008年.第2期：绿色生态住区/《住区》编委会编.
-北京：中国建筑工业出版社，2008
ISBN 978-7-112-10003-3
Ⅰ.住... Ⅱ.中... Ⅲ.住宅-建筑设计-世界
Ⅳ.TU241
中国版本图书馆CIP数据核字（2008）第041135号

开本：965X1270毫米1/16 印张：7½
2008年4月第一版 2008年4月第一次印刷
定价：36.00元
ISBN 978-7-112-10003-3
(16806)
中国建筑工业出版社出版、发行(北京西郊百万庄)
新华书店经销

利丰雅高印刷（深圳）有限公司制版
利丰雅高印刷（深圳）有限公司印刷
本社网址：http://www.cabp.com.cn
网上书店：http://www.china-building.com.cn

目录

主题报道 *Theme Report*

海外视野 *Overseas viewpoint*

住区

COMMUNITY DESIGN

CONTENTS

封面：深圳金地梅陇镇入口景观瀑布墙

主题报道

Theme Report

绿色生态住区

Green Community

从绿色建筑标准看我国住宅节能与环境设计策略

Energy-Saving and Environmental Housing Design Strategies in the Perspective of Green Building Standards

林波荣 姜 涌 *Lin Borong and Jiang Yong*

[摘要]伴随着国家对"节能省地型住宅"的重视，以及中央和地方绿色建筑评价标准、设计导则等的不断出台，住宅的节能和室内外环境设计等问题日益得到重视。本文结合绿色建筑标准要求，针对目前实际工程中住宅节能和室内外环境设计中的薄弱环节，包括室外风环境、声环境和日照，住宅围护节能设计以及相应的采暖、空调及生活热水系统等，提出了适应气候的技术策略。

[关键词]绿色建筑标准、节能设计、环境设计、构造设计、模拟

Abstract: *With importance of energy-saving and land-saving house realized by the government, and the issue of lots of green building evaluation standards and design guidance by central government and local government, it's more and more important for the design of energy efficiency and environment of the house in China. Combined the requirement of green building standards, this paper propose climate-oriented technology strategy focused on the poor respects of above issues, including outdoor wind environment, sound environment, sunshine, envelope design and relative heating and air-conditioning systems.*

Keywords: *Green building standards, energy-saving design, environmental design, detail design, simulation*

一、引言

住宅作为目前最昂贵的商品，消费者在穷其半生积蓄购买时不可能不考虑它的性能。住宅的节能性能和室内外环境品质，长期以来一直是购买者最关心的问题之一。在当前市场机制作用下的房地产市场，伴随着日趋激烈的市场竞争，住宅性能作为一项重要指标，已得到购房者和开发商的共同关注。而伴随着国家对发展"节能省地型建筑"、"四节一环保"建筑的重视，以及建设部《绿色建筑评价标准》(以下简称标准)、《绿色建筑评价技术细则》(以下简称技术细则)以及国家环保总局《环境标志产品技术要求生态住宅(住区)》(以下简称环境标志)等标准的出台，绿色住宅的技术问题得到了更为广泛的重视。

绿色住宅的节能和环境设计涉及内容非常多，本文仅针对目前实际工程中住宅节能和室内外环境设计中的薄弱环节，以及标准中未覆盖，或者体现不够充分的内容，如住宅围护结构节能，相应的采暖、空调及生活热水系统选择，室外风环境、声环境和日照，住宅围护结构热桥控制和均衡性节能设计，室内声环境等，提出了适应气候的技

术策略。这一方面是作为对上述标准的补充，另外一方面也在探索"好的绿色住宅如何体现绿色本源、超越标准进行设计"。

二、住宅节能设计

1.科学看待绿色建筑标准对住宅节能的要求

住宅节能设计是一个系统工程。围护结构设计的目标是降低采暖、空调负荷，而采暖、空调系统设计是为了提高能源系统效率，开源节流、紧密相连。但是采暖、空调负荷不等于能耗，住宅的运行能耗还和系统运行模式、居民行为方式密切相关，设计时模拟得到的能耗水平和实际情况下的能耗状况总会有所差别，甚至大相径庭。如上海建科院调研得到的住宅全年能耗水平远低于《夏热冬冷地区居住建筑节能设计标准》中规定的住宅全年空调电耗限值[1]。因此，如果逐条地对照《标准》及《技术细则》进行住宅的节能设计，真正的能耗就可能闹笑话，比调研得到的住宅除了采暖之外的能耗每年10～30kWh/m^{2}高很多。从这一点看，《绿色建筑评价标准》还是延续过去设计类标准的思路，主要从具体技术措施的推荐、选择，从设计方面来控制建筑的用能水平，"以便于多数设计院或开发商理解实施"。

《标准》和《技术细则》中的节能50%或65%的目标及优选项中"采暖和（或）空调能耗不高于国家和地方建筑节能标准规定值的80%"到底指什么，是困惑南方的建筑师与业主的大问题。从1986年我国试行第一部建筑节能设计标准至今，建筑节能经历了北方采暖地区50%节能，夏热冬冷、夏热冬暖地区50%节能，以及最近各地频繁出台的节能65%标准三个阶段。事实上，最早的住宅节能标准针对北方地区的住宅采暖能耗，以调研得到的住宅供热系统末端锅炉的能耗为基础，确定了加强围护结构保温、提高热源和管网效率，实现采暖能耗降低50%的目标。在20多年的推广中，政府为了方便"宣贯"，一直采用节能比例的提法。实际工程设计中，建筑师负责围护结构设计，暖通空调工程师负责采暖系统设计，相对独立，结果建筑师误以为节能设计就是提高围护结构热工性能，甚至片面理解为加强保温，进而影响舆论和业主。

事实上，正如前面所提到的，建筑采暖需热量不等同于采暖能耗，围护结构保温性能加强不一定能实现节能。建筑采暖需热量与体形系数、围护结构保温性能和换气次数有关。对于采暖地区而言，加强围护结构的保温性能、提高建筑气密性有利于降低采暖需热量。而实际建筑采暖能耗包括建筑采暖需热量、系统（管网）热损失和热源损失，还与计量收费方式、住户行为有关。我国集中供热系统和热源效率不高，平均在55%以下，是导致我国实际建筑采暖能源消耗量偏高的主要原因。光提高保温性能，不重视提高系统效率和出台合理、有效的计量收费方法，是不可能实现采暖系统的有效节能的，从技术经济性上看也不合理。从整体能耗的角度看，围护结构累计总负荷降低20%，其实相当于系统能效比提高13%，具体设计时需要对二者进行技术经济权衡。

与采暖不同的是，空调节能的关键在于围护结构的保温隔热、建筑通风性能和空调设备的能效。因此对于南方炎热地区而言，由于全年近乎得热多于失热，围护结构的散热越好，室内温度越接近室外气温，空调能耗相对越低。而保温好，进入室内的太阳辐射热量无法有效散出，反而增加了空调能耗，不利于节能。

2.科学看待围护结构节能设计

围护结构对建筑采暖、空调能耗的影响是不同的。对于采暖地区而言，考虑建筑围护结构对建筑能耗的影响时，要从冬季采暖、春秋过渡季的散热、夏季空调三个阶段的不同要求综合考虑。这三个阶段对围护结构的需要并不相同，有时甚至彼此矛盾，这样就要看哪个阶段对建筑能耗起主导作用。不同地区、不同气候特性和建筑特点，对建筑能耗起主导作用的阶段不同。例如北方住宅，冬季采暖是决定能耗高低的主要因素；而长江流域一些地区的住宅，过渡季节相对长，就要更多地考虑这一阶段对围护结构的需求。

《标准》和《技术细则》中首先就强调住宅的体形系数、窗墙比和朝向不能违背国家或地区针对不同气候分区下住宅节能标准中的基本要求。因为一旦是体形系数或窗墙比超标，相当于节能第一步就有偏差，后面的"弥补"工作往往事倍功半。但是，国家节能设计标准和《标准》、《技术细则》中并没有对不同类型围护结构的重要性给出推荐性建议。笔者根据不同地区全年室外空气温度、太阳辐射热量以及建筑室内发热量大小，给出了不同地区住宅建筑围护结构的性能要求重要性排序，如下表所示。

不同地区住宅建筑围护结构的性能要求重要性排序　　表1

气候类型	代表城市	室内发热量(W/m^2)	围护结构性能要求(重要性由大到小)
严寒地区	哈尔滨	4.8	保温>遮阳可调>通风可调>遮阳
寒冷地区	北京	4.8	保温>遮阳可调>通风可调>遮阳
夏热冬冷地区	上海	4.8	保温≈遮阳可调>通风可调>遮阳
夏热冬暖地区	广州	4.8	遮阳≈通风可调>保温>遮阳可调

需要指出，表中的重要性是相对的，重要性小并不代表无关紧要，也需要满足基本的性能要求(如冬季防结露，夏季外墙、屋顶室内表面温度的控制等等)。需要特别指出的是，表中的通风可调、遮阳可调并非指换气次数无限调节，而是指市场上新近推出的性能可调节的围护结构产品，如双层皮幕墙、干挂陶板通风外墙(这二者通风性能、遮阳性能均可变化)，点幕，固定或可调遮阳等。例如，最早在北京锋尚、MOMA等项目采用的干挂石材+通风外墙保温构造方式，事实上并不完全适用于寒冷地区。其主要问题是由于大量采用龙骨支撑干挂石材，结果冷热桥问题相对突出，相当于传热系数增加20%左右。但是与普通外墙相比，这种通风外墙的隔热性能提高约20%，更适用于保温和隔热兼顾，或者不需要保温的夏热冬冷、夏热冬暖地区，不宜盲目在全国推广。

科学对待住宅的围护结构节能设计，还需要考虑围护结构设计的均匀性原则(又称"木桶原则")，即在资金有限的条件下，在处理影响建筑热环境的各项因素之间协调时，使其影响效果尽量均匀，趋向一致。例如在选择外墙、外窗和遮阳设施时，应在一定的投资下使各个方面的效果尽量均匀一致，而不应该选择保温性能特别良好的外墙却因为资金紧张而选用单层窗，或投入大量资金配置保温性能、密闭性能良好的外窗却不做外墙保温设计。因为最差的一个环节往往是决定整体效果的最关键因素，例如木桶的盛水量是由筒壁上最短的一根木条所决定的。

此外，需要科学认识到增强围护结构的保温和空调能耗的关系。一方面，与采暖不同，空调需要从室内排除的热量并非源于外墙的传热。室内的各种电器设备、照明、人员等发出的热量，以及透过外窗进入室内的太阳辐射热量才是占空调制冷能耗的重要成分。当室外温度低于室内允许的舒适温度时，依靠室内外的温差，通过外墙、外窗的传热以及室内外的通风换气，可以把这些热量排出到室外，室内温度就不会增加，空调能耗就可以降低。此时，围护结构平均传热系数越大(也就是保温越不好)，通过围护结构向外传出的热量就越多，室内发热导致室内温度的升高就越小。因此，南方炎热地区的建筑不应该强调保温。

关于保温厚度，如果从当前主要采用的保温材料(如聚苯板、挤塑板和发泡聚氨酯等)全生命周期对资源、能耗和对环境的影响看，不宜过分追求。例如，传统聚氨酯保温生产中的发泡过程采用CFC-11作发泡剂，CFC物质存在对臭氧层的破坏作用。采用CFC-11作发泡剂时，保温增厚后在生命周期中带来环境负荷的减少在50年内不能抵消该保温本身生产、使用、报废过程中带来的负面环境影响。也就是说，如果单纯为了节能而增加保温厚度却忽视了发泡剂生产、泄漏过程的环境影响，其效果是适得其反的，节能设计需要对两方面环境影响均严格控制才能体现效果[2]。

3.空调采暖系统

需要注意的是，《标准》很多评价条目提到集中采暖、空调系统，但是切不能当作"鼓励集中空调或者采暖"。由于调节和计量问题，住宅的集中供冷远比目前的房间空调器费能。尽管集中供冷采用能效比高于大型冷冻机，但加上把冷量从机房输送到末端的电耗，其高能效比的优点也会丧失；随之而来的调节和计量等方面的问题，使其在能源利用率方面无法与房间空调器抗衡。目前我国住宅的房间空调器平均每夏季耗电不到8kWh/m^2，而采用大规模集中供冷，仅循环水泵电耗就有可能达到每个夏季5kWh/m^2，再加上制冷机耗电，不可能实现任何"节能"。对于长江流域的住宅，由于单位面积采暖负荷低、采暖时间短、用户之间的使用调节差异性大，因此也不建议集中采暖。即便考虑热电联产方式，虽然供热期可获得较高的热源效率，但设备年利用周期低、发电效率低等问题，会造成巨大的能源浪费。

此外，绿色住宅、节能住宅也不能简单地采用地源热泵系统、水源热泵系统，也不能简单视为要单独安装新风系统、然后再进行新风热回收。例如，某地一个30万m^2的住宅、商业项目采用海水源五级热泵系统，从几公里远的海域铺设管道过来，结果任何工况下循环水泵每小时都要运转，每小时平均电耗180kWh左右，系统采暖、供冷的节能收益荡然无存。

北方地区住宅提高采暖能耗的主要方向，应着重于提高热源效率，减少管网不必要的热损失；改善集中供热系统的调节，避免由于冷热不匀或整体过热造成的热量损失。此外还可利用城市污水作为住宅采暖、空调冷热源的污水源热泵，直接从城市污水(未结冰的水)中提取热量。系统能效高，投资增加少，收效快。据测算城市污水全部充当热源可解决城市近20%建筑的采暖。

分户燃气炉一家一户自成系统，同时解决采暖和热水供应问题，是解决北方采暖地区住宅节能的另外一套可选系统。单户燃气热水采暖具有很大的调节灵活性，使用完全独立，采暖温度可以自主调节，采暖时间可自行控制，各个房间温度可自如地控制，无锅炉房和外热网热损失。符合按热量收费的原则，可准确计量，用量可由用户自主控制，因而能促进能源的节约使用，加上这种供热系统的热效率高(一般在90%以上)，避免了集中供热按面积收费造成的能源过度浪费，节约燃气，从而为使用优质的洁净燃料创造了条件。

4.可再生能源利用

与公建可再生能源利用不同的是，住宅的可再生能源利用可以更好地和采暖、空调及生活热水的需求结合起来。在长江流域，建议在住宅中推广地源热泵、水源热泵和空气源热泵。一方面，长江流域的气候条件冷热负荷更加容易平衡；另一方面，在当地的气温条件下，空气源、地源热泵的工作环境温度更为适宜，系统的工作效率更高、更节能。此外，采用分散式或半分散式的地源热泵、水源热泵系统或空气源热泵系统，更有利于运行调节和计量收费，也有利于节能。此外，对于长江流域的住宅，综合考虑地下热平衡问题，还可以考虑地源热泵系统(含土壤埋管和地下水源热泵系统)兼顾供应生活热水。

太阳能热水系统目前在我国多数区域都得到推广，值得在绿色住宅中进一步推广应用。需要解决的问题是如何实现建筑的一体化应用，但是不应该牺牲太阳能的集热效率。在冬季寒冷、太阳日照率低的气候条件下，空气源热泵辅助太阳能热水系统是较好的解决方案。

三、住宅环境设计

住宅环境设计包括室外环境设计和室内环境设计。其中，住区室外场所作为人们与自然交流沟通的桥梁，其环境质量的好坏将直接影响人们的工作生活，长期以来深受重视。例如在美国的圣弗朗西斯科(旧金山)，由于注重室外公共场所的热环境质量，政府相应出台了保证公园阳光和限制公共场所不利风速的法规，并以此作为建筑布局及单体建筑设计的评价依据[3]。

“绿色住宅”中的环境设计是按人体舒适要求及当地气候条件，进行可持续建筑设计的系统方法。其实质就是合理调节与处理各种影响住区室内外物理因素(即声光热环境因素，包括空气温湿度、日照、风速、噪声、采光等)，使局部环境朝有利于人体热舒适的方向转化，从而提高住宅的环境质量，以满足适居性要求。概括地说，在“绿色住宅”的环境设计中涉及以下几方面内容：1.室外热环境设计，包括风环境和热环境；2.建筑日照与采光；3.噪声与声环境。以下分别介绍。

1.室外风环境和热环境

风是构成室外环境的重要因素之一。近年来，随着高层住宅和超高层住宅的出现，再生风环境和二次风环境问题逐渐凸现出来。在高低层住宅鳞次栉比的“山谷”中，由于住宅单体设计和群体布局不当而导致行人举步维艰或强风卷刮物体撞碎玻璃的报导是屡见不鲜的[4]。事实上，良好的室外风环境，不仅意味着避免冬季盛行风风速过大不利于行人行走，降低冬季渗透风的可能，降低采暖能耗，同时还应该保证过渡季或炎热夏季建筑室内自然通风能顺畅进行(即保证建筑迎风面和背风面有适宜的压差，使得一开窗就能形成有效的穿堂风)，同时避免在建筑群里过多地方形成旋涡和死角，不利于有害气体的排放。

在建设部颁布的《绿色建筑评价标准》、国家环保总局颁布的《环境标志产品技术要求生态住宅（住区）》以及《中国生态住宅技术评估手册》中，对建筑小区外的室外风环境设计提出了明确的要求，即：

在建筑物周围行人区1.5m处风速小于5m/s。

冬季保证建筑物前后压差不大于5Pa。

夏季保证75%以上的板式建筑前后保持1.5Pa左右的压差，避免局部出现旋涡和死角，从而保证室内有效自然通风。

然而，可能是对室外风环境的预测不够重视或缺乏有效的技术手段，当建筑师们在对建筑住区进行规划时，更为常见的做法是把注意力过多地集中在建筑平面的功能布置、美观设计及空间利用上，而很少(或仅仅凭经验)考虑高层、高密度建筑群中气流的流动情况。

对于严寒、寒冷地区或冬季多风地区，住宅小区在考虑冬天防风时可采取避开不利风向、利用建筑物隔阻冷风、设置风障等措施。其中建筑间距在1:2的范围以内，可以充分起到阻挡风速的作用。而为了促进过渡季、夏季的住宅通风，建筑群布局应尽量采取行列式和自由式，而行列式中又以错列和斜列最佳。在立体布置方面，应采取“前低后高”和有规律的“高低错落”的处理方式。当建筑呈一字平直排开而体形较长时(超过30m)，应在前排住宅适当位置设置过街楼以加强自然通风。

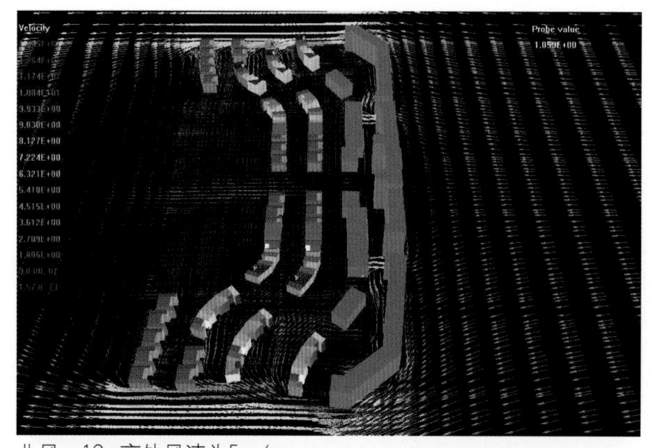

北风，10m高处风速为5m/s

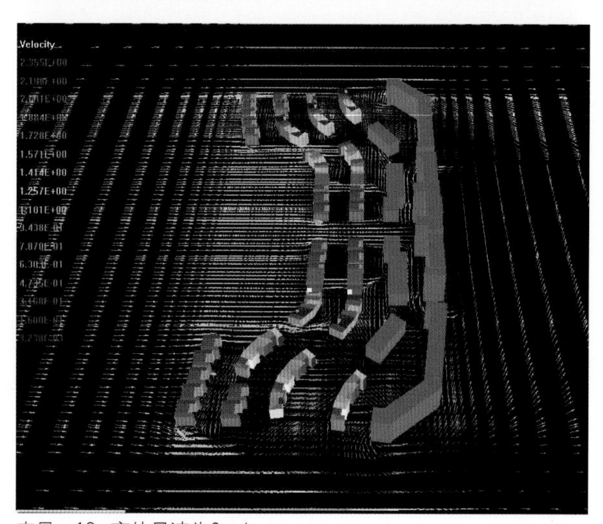

南风，10m高处风速为2m/s

1.冬季、夏季某小区室外风环境模拟结果

上述经验可以部分帮助建筑师完成风环境的规划设计，但是更好的办法还是利用计算机进行风环境的数值模拟和优化。数值计算相当于在计算机上做实验，相比模型实验方法周期较短，价格低廉，同时还可以形象、直观的方式展示结果，便于非专业人士通过形象的流场图和动画了解小区内气流流动情况，是设计初期指导和优化小区规划设计的有力手段。图1所示的是利用英国帝国理工大学的CFD软件PHOENICS针对北京某小区风环境模拟分析的结果。从最终的设计结果来看，已基本满足冬季减少渗透、防风保暖，夏季促进自然通风的要求。

2.日照与采光

太阳辐射是影响居室热环境的一个重要因素，同时也是影响住户心理感受的重要因素。在绿色住宅设计中，日照分析是一个不可缺少的环节。我国《城市居住区规划设计规范》规定，城市居住区的有效日照冬至日不应低于1小时(或大寒日不低于2小时)。根据这一规定，设计单位应在设计初期进行日照间距的计算。普遍的做法是沿用住宅间距系数的方法估算，即“日照间距＝建筑的高度×日照间距系数”。然而，模拟计算发现，当建筑平面布置不规则、体形复杂、条式住宅长度超过50m、高层点式住宅布置过密时，日照间距系数难以作为标准，必须进行严格的模拟计算才能得出正确的结论[5]。

例如对于图2所示小区，利用住宅间距系数的方法估算日照小时数满足要求，但模拟计算结果却表明日照累计小时数首层部分房间不满足国家要求。图中红线区域表示日照不超过1小时，黄线区域表示日照不超过2小时，黄绿色区域表示日照不超过3小时。所以如果要使小区建筑满足日照要求，须使所有建筑都位于黄绿线区域以外。从图中可以看出有少部分楼，由于与其南向邻楼距离小，且邻楼高度较高，首层用户达不到日照小时数的要求。具体不满足日照小时数的首层用户见图2中粉红色圆圈所标示。

立面复杂的建筑设计中也需通过日照的计算机模拟分析来解决建筑物自身遮蔽或互遮挡问题。此外，由于现在不封闭阳台和大落地窗的不断涌现，根据不同的窗台标高来模拟分析建筑外墙各个部位的日照情况，精确求解出无法得到直接日照的地点和时间，分析是否会影响室内采光也很重要。对于住宅而言，购房者更是能通过这一直观结果详细了解自家居室的日照情况。

日照设计与节地也很有关系。在土地紧张的情况下，不简单地按照日照间距系数进行规划设计，而是利用计算机软件进行模拟、反算，有可能在满足日照小时数的标准要求下获得更多的住宅面积。

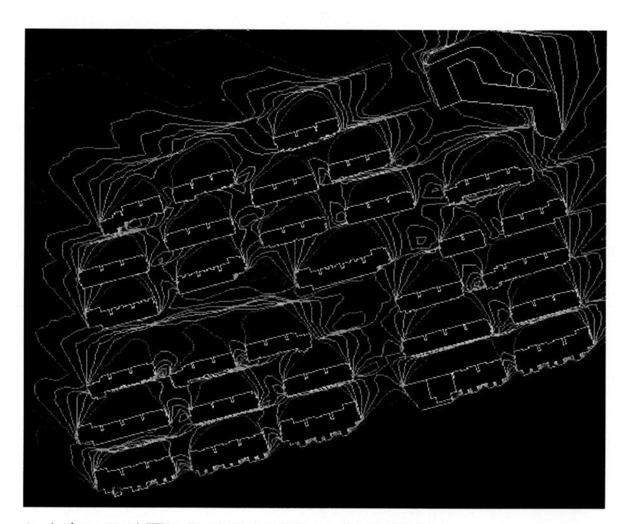
2.大寒日距地面0.9m高处日照等时线(平面视角)

3.噪声与声环境

随着人们对生活质量要求的不断提高，现代住宅室内声环境问题日益突出。根据清华大学1997年在南京、无锡、苏州、上海和北京等地几个新建住宅区的调查中，住户对其住宅室内声环境不满意的程度高达44.7%，而在针对住宅分项调查过程中，发现住户改善意愿最强的就是住宅的隔声问题[6]。主要的噪声问题包括：外墙隔声、楼板隔声和设备噪声问题。

建筑规划应有效地设计防噪系统。对于住宅小区而言，首先应将住区和主要交通干线相隔绝，防止主要交通干线的噪声传过来。住在交通干线旁的居室如果噪声超标，可考虑采用错开设计的双层玻璃窗，既能有效降低噪声，又不影响自然通风的利用。据测试该类隔声窗在开窗的情况下仍然可以降低噪声10～15dB。

对于户间噪声而言，单位面积质量在每平方米几十千克的各种轻质材料做成的单层墙，其计权隔声量均小于40dB，达不到国家的三级标准。因此，如果需要采用轻质材料作为住宅(或公寓)的分户墙，则必须在构造上采取适当的措施(如采用双层结构或复合结构)。概算表明，正常情况下，对于与公共走廊同一楼层的户型，如果与内公共走廊相邻的墙隔声量达不到45dB，受公共走廊的行走噪声、说话噪声、电梯启动、开关门噪声的影响(以空气传声和固体传声为主)，那么在夜间住宅卧室将不满足国家关于室内噪声的三级(最低)标准。

从目前的住宅调研来看，居民对楼板撞击声干扰意见很大，这是因为随着近年来轻结构隔墙的推广使用，墙体隔声性能较传统的黏土砖墙变差。现在的住宅楼层几乎全部是钢筋混凝土板上直接做刚性地面，底面喷浆或抹灰，这种楼板对撞击隔绝的效果达不到要求，全部属于“等外级”的产品。浮筑式楼板隔声是有效解决楼板撞击声干扰的有效途径，该做法隔声效果好，造价增加少(总造价增加0.5%～1%)，非常适用于现代住宅。浮筑楼面做法为：现浇钢筋混凝土承重楼板＋弹性垫层＋30mm厚配筋细石混凝土面层，经测试这种浮筑式楼板的计权标准化撞击声压级为62dB。其中，弹性垫层可采用废弃橡胶轮胎、高密度玻璃岩棉或者尼龙网。

四、结论

鉴于我国各地建筑发展水平参差不齐，绿色住宅应先在发达城市、典型地区试行，再逐步推开。在推动过程中，应该综合平衡“建筑环境质量”、“环境负荷”和“成本投入”，避免高科技、高投资的发展思路；避免简单“向发达国家靠拢”；避免示范、展示和技术、产品堆砌(冷拼)。鼓励被动式、低成本发展道路；鼓励中国特色、结合气候策略的“乡土绿色建筑”；鼓励技术和建筑的有机集成。

注释

1.清华大学建筑节能研究中心．2007建筑节能年度发展研究报告．北京：中国建筑工业出版社，2007，3

2.顾道金．建筑环境负荷的生命周期评价：[博士论文]．北京：清华大学，2006，5

3.Edward Arens，Peter Bosselmann．Wind，Sun and Temperature——Predicting the Thermal Comfort of People in outdoor Space [J]．Building & Environment，1989，24(4)：315～320

4.关滨蓉，马国馨．建筑设计和风环境．建筑学报，1995(11)：44～48

5.王诂，张笑．建筑日照计算的新概念，建筑学报，2001(2)：48～50

6.室内声环境质量及保障技术研究报告，清华大学建筑学院，1998，11

作者单位：清华大学建筑学院

日本住宅设计中基于质量控制体系的绿色设计

Green Design Based on Quality Control System in Japan's Housing

姜 涌 林波荣 林 卫 马 跃 *Jiang Yong, Lin Borong, Lin Wei and Ma Yue*

[摘要]本文通过对日本事务所质量控制体系的介绍，说明环境友好的生态建筑、绿色设计首先是一个功能高效、技术适宜的设计和建筑物，绿色性能也就是建筑性能的一个组成部分，它的实现同样可以通过建筑设计质量控制的过程管理来实现。设计企业必须首先实现对质量的控制以减少资源的浪费，提高效率，才能在此基础上进行有效的生态设计并实现设计产品的环境目标，ISO体系很好地体现了这种思想并提出了全程管理、全面控制、全员参与的方法体系。

[关键词]可持续发展、绿色设计、质量控制、ISO

Abstract: *The paper introduce the quality control and Green design management in Japanese architectural firms, and advices Chinese architectural firms to use the ISO 9000 and 14000 tools to enhance their sustainable value in design.*

Keywords: *Sustainability, Green Design, Quality Control, ISO*

一、可持续发展的需求与评估导向

从1972年罗马俱乐部对人类增长极限的悲观预测，1973年与1978年的两次世界石油危机，环境污染后果的深刻教训，到可持续发展概念的提出和生态科技的兴起，环境友好，资源的循环利用，节约能源和防止污染等议题成为愈来愈受全球关注的焦点，而建筑物的建造和使用对能耗有着重大的影响。建筑物作为人类活动的背景环境，在其规划、设计、建造、运行、管理、更新、废弃的全过程中，都会对环境产生重要的影响。据统计，目前中国国内建筑业的建材、建造等使用的总能耗占全部能耗的46.7%左右。

1987年，联合国世界环境与发展委员会发表了《我们共同的未来》的报告，第一次将环境问题与发展联系起来，明确指出，目前严重的环境问题，产生的根本原因就在于人类的发展方式和发展道路。人类要想继续生存和发展，就必须改变目前的发展方式，走可持续发展的道路。即：既满足当代人的需要，又不对后代人满足其需要的能力构成危害的发展。可持续发展是一种从生态系统环境和自然资源角度提出的关于人类长期发展的战略模式，它特别指出了环境和自然资源的长期承载能力对发展进程的重要性以及发展对改善生活质量的重要性。

因此，作为对消耗能源、排出二氧化碳、侵占自然环境具有重大影响的建筑界，也在设计和建造中积极推进保

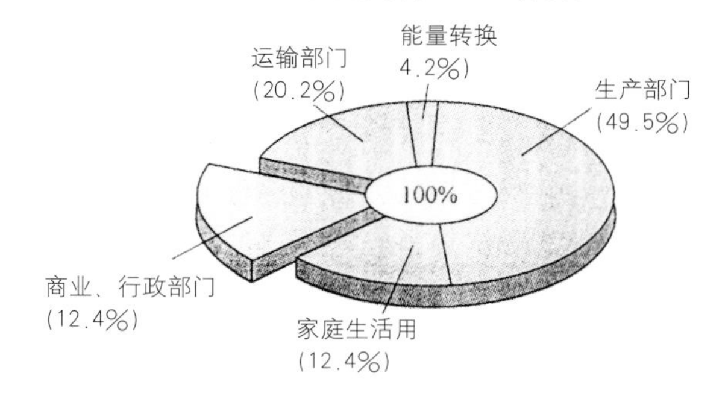

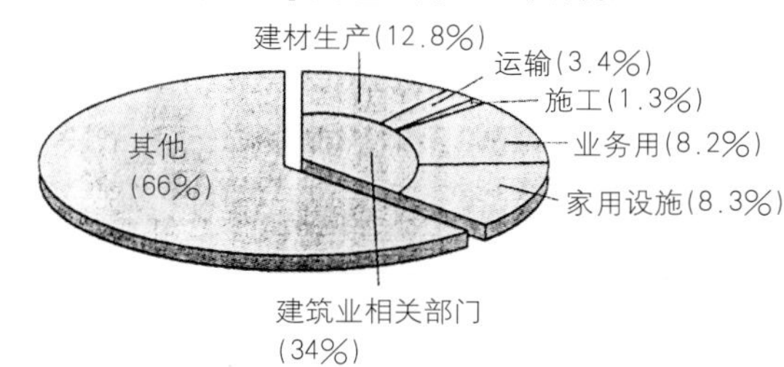

1.日本的各部分能源消耗量及建筑业的二氧化碳排放比例（引自：金本良嗣著．日本的建设产业．关柯等译．北京：中国建筑工业出版社，2002）

护环境的新标准和价值取向。主要集中在下述几个方面：

1.节约能源和开发利用新能源：a.降低建筑物采暖、降温负荷；b.建筑设备节能；c.可再生能源的利用。

2.减少资源消耗：a.废弃材料、可循环材料的利用；b.减小材料的消耗；c.耐久性好或保养成本低。

3.减少排放与污染，亲和自然环境：a.温室气体的低排放；b.避免使用破坏臭氧层的物质；c.避免向外界环境排放其他有毒有害物质；d.降低对场地内原有自然生态环境的破坏。

4.安全、健康、舒适，地域的文化亲和性与环境友好性：a.避免向建筑内部排放有毒、有害物质；b.健康、舒适的室内物理环境（声、光、热）；c.安全、健康的场地选址；d.完善的交通和基础设施（图1～2）。[1]

日本自2001年4月开始，历时3年，通过产（企业）、政（政府）、学（学者）联合的形式研究开发的CASBEE——建筑物综合环境性能评价体系，在对绿色建筑的定义与评估指

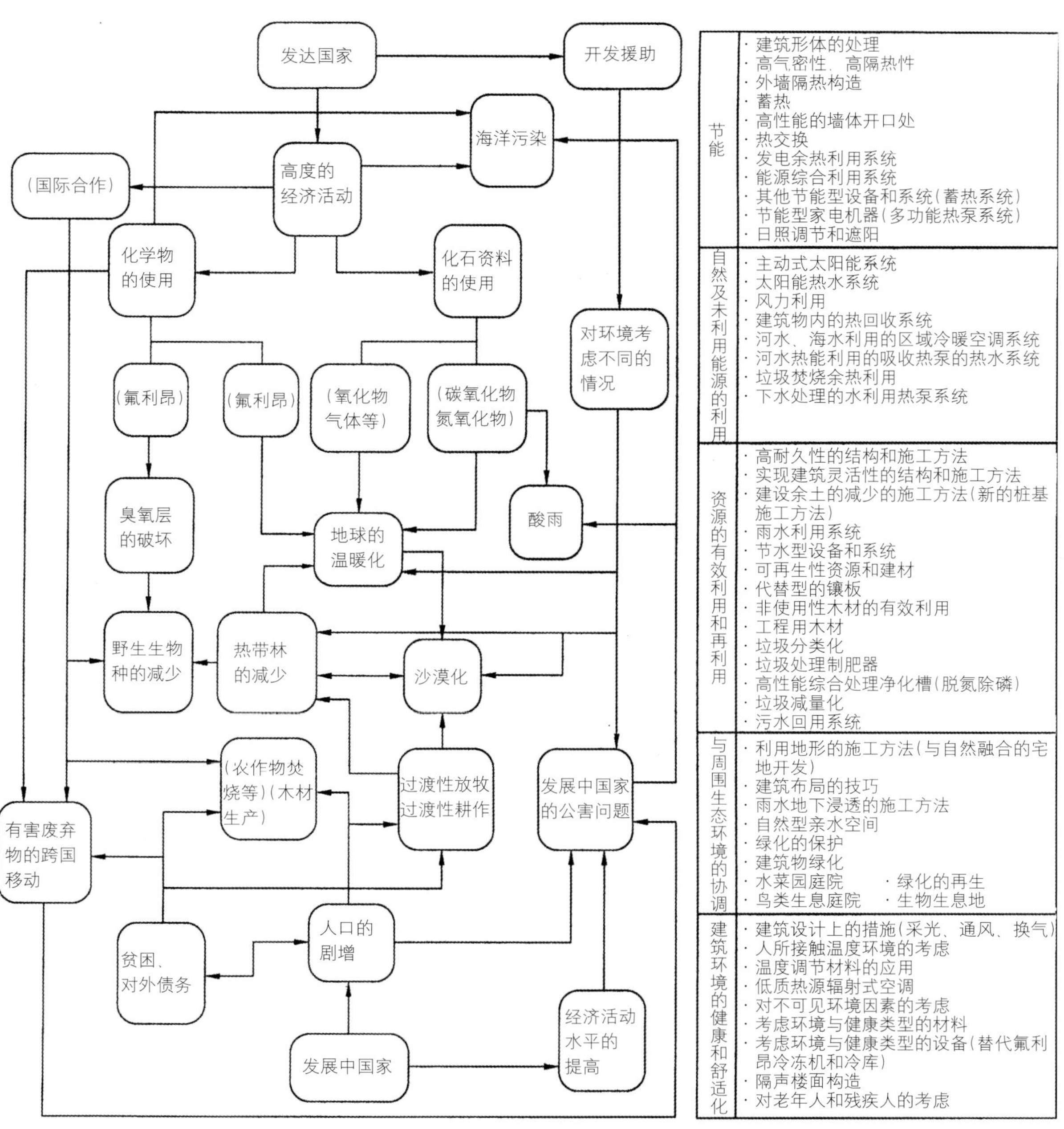

节能	·建筑形体的处理 ·高气密性、高隔热性 ·外墙隔热构造 ·蓄热 ·高性能的墙体开口处 ·热交换 ·发电余热利用系统 ·能源综合利用系统 ·其他节能型设备和系统（蓄热系统） ·节能型家电机器（多功能热泵系统） ·日照调节和遮阳
自然及未利用能源的利用	·主动式太阳能系统 ·太阳能热水系统 ·风力利用 ·建筑物内的热回收系统 ·河水、海水利用的区域冷暖空调系统 ·河水热能利用的吸收热泵的热水系统 ·垃圾焚烧余热利用 ·下水处理的水利用热泵系统
资源的有效利用和再利用	·高耐久性的结构和施工方法 ·实现建筑灵活性的结构和施工方法 ·建设余土的减少的施工方法（新的桩基施工方法） ·雨水利用系统 ·节水型设备和系统 ·可再生性资源和建材 ·代替型的镶板 ·非使用性木材的有效利用 ·工程用木材 ·垃圾分类化 ·垃圾处理制肥器 ·高性能综合处理净化槽（脱氮除磷） ·垃圾减量化 ·污水回用系统
与周围生态环境的协调	·利用地形的施工方法（与自然融合的宅地开发） ·建筑布局的技巧 ·雨水地下浸透的施工方法 ·自然型亲水空间 ·绿化的保护 ·建筑物绿化 ·水菜园庭院　·绿化的再生 ·鸟类生息庭院　·生物生息地
建筑环境的健康和舒适化	·建筑设计上的措施（采光、通风、换气） ·人所接触温度环境的考虑 ·温度调节材料的应用 ·低质热源辐射式空调 ·对不可见环境因素的考虑 ·考虑环境与健康类型的材料 ·考虑环境与健康类型的设备（替代氟利昂冷冻机和冷库） ·隔声楼面构造 ·对老年人和残疾人的考虑

2.主要的环境问题与环境技术（引自：彰国社编．集合住宅实用设计指南．刘东卫等译．北京：中国建筑工业出版社，2001）

标的设置方面，比以往的LEED等评估体系有了突破性的进展。其第一次对绿色建筑的环境负荷与环境贡献作出了区分，并发展出系列的绿色建筑工具，把评估与设计工作直接联系起来，更有利于推动建筑环境性能的发展。该体系包含有以下四部分：

1.Tool—0：《CASBEE—设计前评估工具》（CASBEE for Pre—design）：主要应用于项目策划和规划阶段，可以向投资者和规划者提供关于建筑选址对环境影响的信息，并对已作出的选址和规划决定进行环境影响评估。

2.Tool—1：《CASBEE—新建评估工具》（CASBEE for New Construction）：新建评估工具是一个方便的供建筑设计师和工程师使用的自评价工具，可以有效地帮助设计者在设计阶段预测建筑物的绿色性能。

3.Tool—2：《CASBEE—既存建筑评估工具》（CASBEE for Existing Building）：既存建筑评估工具可以在建筑物建造完成之后评价其环境性能，方便建筑消费者在市场上进行判断和选择。

4.Tool—3：《CASBEE—改进评估工具》（CASBEE for Renovation）：改进评估工具主要为建筑所有者和管理者设计，通过这一工具他们可以了解到如何通过科学的运行和管理提高建筑物的环境性能。

绿色建筑评估体系为建筑管理工作提供了依据，政府作为管理部分当然成为评价体系的积极支持者和采纳者。以日本为例，自2004年4月以来，名古屋市启动了作为环境保护活动之一的建筑环境评价，要求建筑持有者在计划新建或改建建筑面积超过2000m²时必须提交该项目的CASBEE评估结果，每份报告都会在政府网页上向市民公布。根据统计结果，就项目数量而言大约有2%的新建项目隶属于这一计划，就建筑面积而言则有50%通过了CASBEE的评估。

二、住宅设计中常用的质量控制体系——标准流程、标准图、核查表的流程控制

一个好的建筑设计方案是在环境、资源、技术条件下的最优解，也是一个运用“奥卡姆剃刀”实现资源高效利用的过程。因此环境友好的生态建筑、绿色设计首先是一个功能高效、技术适宜的设计和建筑物，尤其是集合住宅作为城市居民的大众消费产品，更需要技术经济的高效性和消费品的高费效比（性能价格比）。建筑设计作为住宅开发中的重要环节，是需求的空间环境在技术支撑手段和资源条件下的具形化，因此通过严格、全面、全程的设计质量控制体系达到资源、技术的优化一直是组织设计事务所和房地产开发中的一个重要环节。

由于建筑设计的单品性和个案性，设计过程作为空间

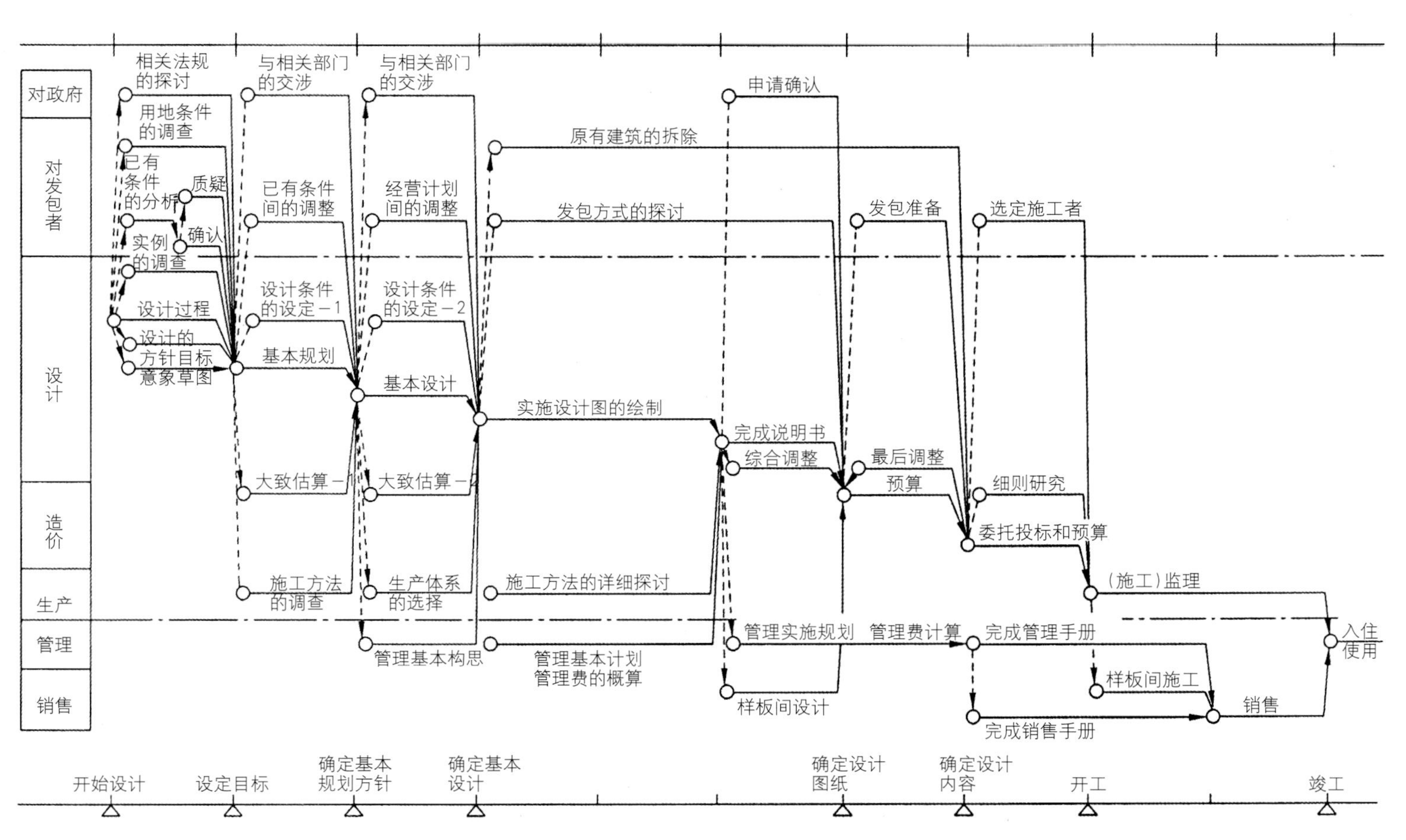

3.日本的建筑设计流程（引自：彰国社编．集合住宅实用设计指南．刘东卫等译．北京：中国建筑工业出版社，2001）

环境解决方案的界定、分析、提出、整合的过程，需要通过规范化的流程和标准化的设计成果使得整个设计过程处于可控的状态。日本建筑师采用的是国际通行的建筑设计服务的范围，涵盖了从策划、设计到合同管理、竣工交付的全过程，其设计标准流程可以大致分为以下几个过程（与我国建筑师仅提供图纸成果的方案设计－初步设计－施工图设计有较大的区别）（图3）：

1.前期策划，基本构想（概念设计）

2.基本计画（方案设计）

3.基本设计（初步设计，含技术设计）

4.实施设计（施工文件设计）

5.设计监理（含施工招投标、合同管理、竣工检查与交付）

6.后期服务（回访调查、维修建议等）

在设计服务阶段，虽然日本的基本设计和实施设计的划分与美英的方案设计、设计发展（详细设计）、施工文件（产品信息）的设计阶段不同，但设计服务的基本流程是相同的，均从发现问题与解决问题的过程和项目目标实现的系统出发，需循环经过以下五个标准程序（图4）：

1.条件的输入：资料搜集与分析，设计任务的策划；

2.目标的确定：需求的技术翻译，问题的发现与提出，设计任务（建筑产品）的规格界定与技术分解；

3.分析与生成：设计条件设定，构思与解决方案的提出与研讨；

4.比较与整合：比较研究，方向确定，整合各专业，提出完整的技术和资源解决方案；

5.成果的输出：设计内容的具象化，完成设计成果。

在此基础上，组织设计事务所根据整个流程控制的需要制定了更为详尽的设计流程，通过贯彻ISO9000的质量控制方针，通过一系列的计划－实施－监控－调整的循环过程（PDCA循环）保证整个设计的高效和设计成果的高效性，其值得借鉴之处主要有：

1.严格规范的设计流程

笔者所在的设计公司有一套完整的设计质量控制程序，并规范化、标准化设计流程，在设计各个阶段完成和进入下一阶段之前设置阶段关卡，这些关卡既是设计公司向业主汇报并取得认可与确认的重要节点，也是设计公司内部进行质量控制和核查的关卡。各个阶段的节点中均有设计部门最高首脑甚至公司总裁参加的设计审查会议，以及为解决专业技术协调而举行的各专业的联席会议，通过会议的方式集中公司的设计经验和专家，通过共享、交流控制设计的质量。为了防止会议的结果没有落实，会议后均要形成会议纪要并记明发言人及问题，同时也为会议准备了设计核查表，每次会议必须先朗读上次会议纪要，并答复其中提到的未尽事宜，同时完成核查表所有项目的标注，不能实现的部分必须说明理由并登记。通过这样规范化的记录和程序保证设计中所有问题的妥善解决。可以核查的记录和规范化的管理流程，体现了过程管理的要求，同时也与设计企业自身的管理建设结合起来。

2.利用核查表形成完整的文档记录

设计公司非常重视保证设计质量的设计核查表的编写和落实。这种核查表和设计规程（Specification，也称为规范）一样，是每个设计企业的经验和设计技术的结晶，由设计公司的设计总监等资深建筑师参照地产商标准、承包商标准、法规规范和历年经验编纂而成，并且经常更新。核查表通常按照设计的内容（总图、平面、立面、剖面等）、专业（建筑、结构、设备等）和建筑物的部分（大堂、交通核、使用单元等）分类，同时也有综合设计问题与性能的分类（消防、隔声、抗震、环保等）。核查表的分解结构和条目体现了设计任务的分解结构（WDS），这样就可以将所有质量和控制问题分解成小的、可操作和可监测的问题和控制点，将不确定性控制在最小的范围，并防止设计

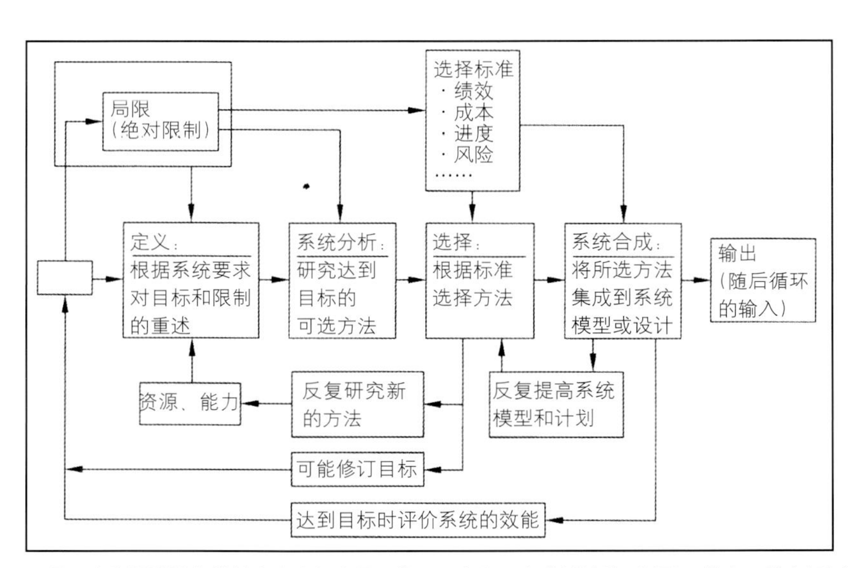

4.项目建筑设计服务的基本方法与流程：输入—定义—生成（分析与选择）—整合—输出（引自：约翰・M・尼古拉斯著．面向商务和技术的项目管理：原理与实践．蔚林巍译．北京：清华大学出版社，2003）

日本设计部门的设计控制流程

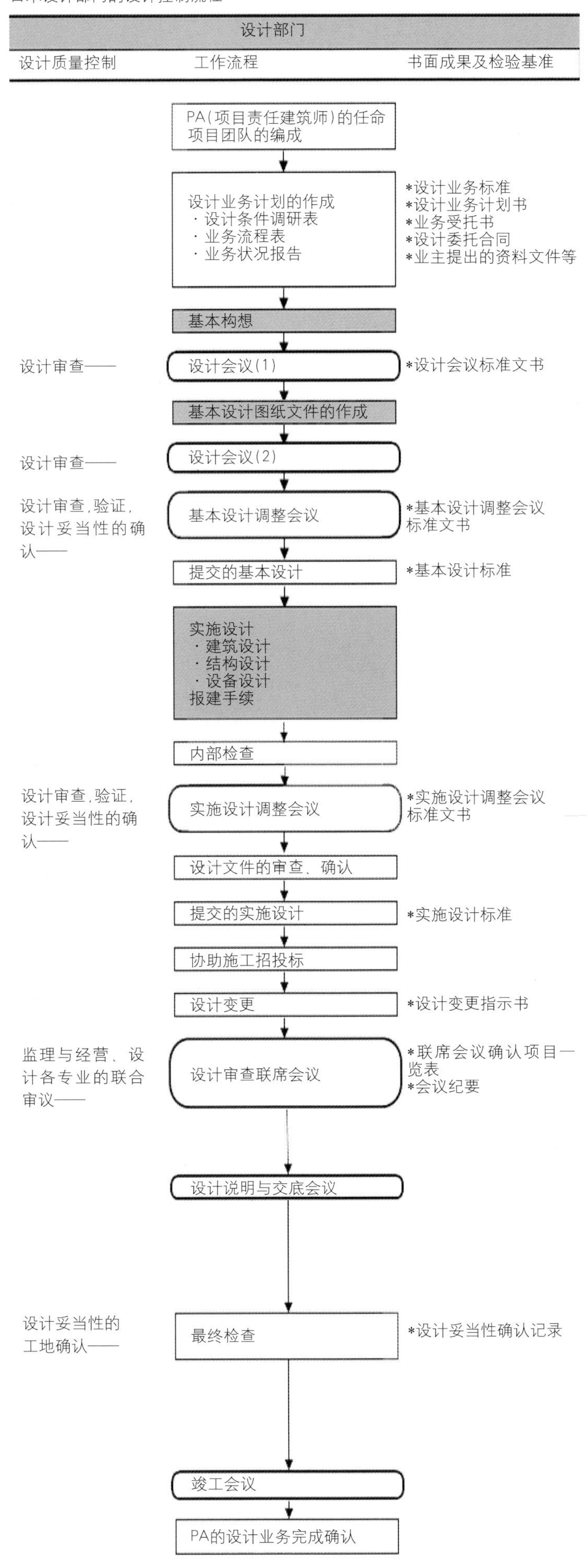

5.日本组织事务所的建筑设计流程及质量控制体系

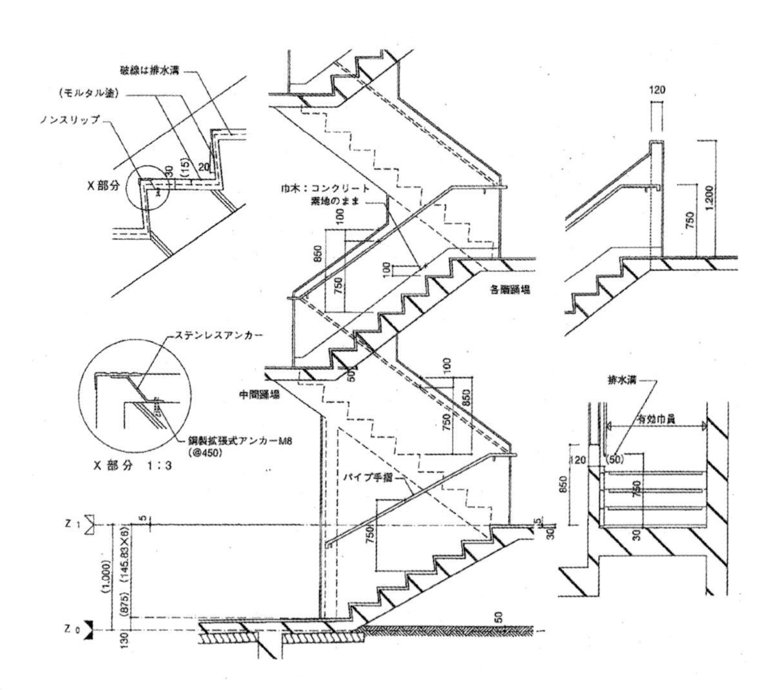

6.日本住宅公团的标准细部——室外混凝土楼梯的做法和设计要点：详尽规定了主要尺寸、防滑排水做法等，最大限度地实现标准化设计和生产(引自：日本住宅公团．公团住宅标准详细设计图．第四版．未刊本，1996)

人员的疏忽和遗漏。同时，这种核查表也能成为设计人员学习和提高的目标，使得设计人员非常积极地收集和吸收建筑材料、技术和工法的知识并在设计中积极利用，形成知识积累和共享的良性循环。每个项目均有专用的核查表并存档，其中列有核查的项目(设计标准)、数次核查的记录、最终采取的对应措施(在未达到设计标准时)(图5～6)。国内的设计公司通常只有一个通用的图纸审核要点目录，每一个项目没有核查记录及处理措施的记录空间，使其往往变成会上常常提及、会下永远无法落实解决的问题循环。而对这种严格的核查制度和企业知识的管理也显得力度不足。

三、绿色设计的工具体系——基于全面质量控制的绿色设计性能要求：设计企业自身的环境目标和设计产品的环境目标的双赢

目前常用的ISO9000族质量管理体系是由国际标准化组织(ISO，International Organization For Standardization)于1987年制定发布的标准，该标准总结了工业发达国家在质量管理方面的先进经验，主要用于企业质量管理体系的建立、实施和改进，为企业在质量管理和质量保证方面提供指南(我国的国家标准代号为GB/T19000标准)。该族标准包括了约25个条目，其中ISO9001主要针对服务企业的一种模式化的质量保证要求，是一种以过程为基础的质量管理体系模式，过程方法是"组织内诸过程的系统的应用，连同这些过程的识别和相互作用及其管理"。质量管理体系的总要求是："组织应按本标准的要求建立质量管理体系，形成文件，加以实施和保持，并持续改进其有效性。"

ISO14000标准则是环境管理体系系列标准总称。该系列标准发布于1996年，包含了5个标准(我国采用的国家标准代号是GB/T14000系列标准)。ISO14000标准规范从政府到企业等所有组织的环境行为，为企业建立并保持环境管理体系提供指导，使企业采取污染预防和持续改进的手段，达到可持续发展的目的。其中ISO14001《环境管理体系——规范及使用指南》是环境管理体系认证所依据的标准，在欧美等国影响巨大。ISO9000和ISO14000两套标准的要素也有相同或相似之处。但两套标准最大的区别在于面向的对象不同：ISO9000标准是对顾客承诺，ISO14000标准是对政府、社会和众多相关方；ISO9000标准缺乏行之有效的外部监督机制，而实施ISO14000标准的同时，就要接受政府、执法当局、社会公众等各相关方的监督，通过环境因素识别、重要环境因素评价与控制及环境目标指标方案的制定和实施完成，以期达到预防污染、节能降耗，提高资源能源利用率，最终达到环境行为持续改进的目的。

因此，日本的组织事务所一般在通过了ISO9000系列的质量管理体系认证后，也都通过了ISO14000系列的环境管理体系认证。反而言之，也只有通过了上述两个体系的认证，才能说明设计企业的自身活动和环境意识已经达到了绿色设计的基本要求，可以在此基础上开展针对设计产品的绿色设计。只有企业自身达到了环境友好的标准，才有意义并才有可能为业主客户和社会提供真正的绿色设计解决方案(图7)。

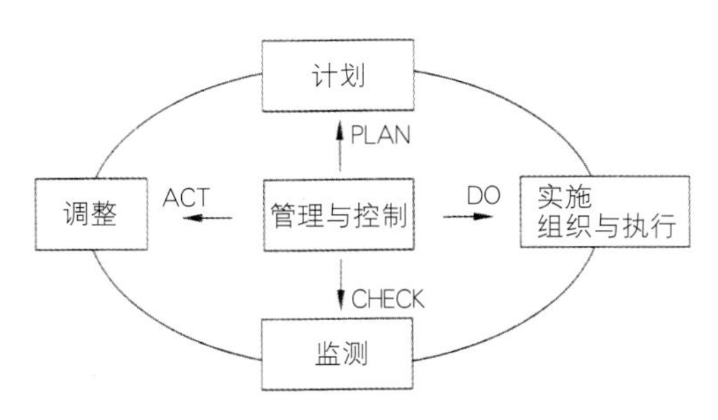

7.质量控制的PDCA循环（过程管理、全程控制、全员参与）

日本组织事务所常用的绿色设计工具是基于上述质量管理体系的全程、全面、全员的环境控制体系，常用的具体管理手法与质量控制相同，主要通过图表化的技术手册、便于查阅的技术措施表，以及绿色设计的策略表、评估表来实现。为了保证设计的质量和绿色性能的实现，业主和事务所设计有相应的实施核查表，用以评估生态设计的效果。实施核查表与绿色建筑评估体系CASBEE相比，除了因适应实际设计工作的需要，而在体例上简明得多之外，更本质的区别在于，CASBEE是根据设计的效果，例如：建筑物的隔声能力、日照获取情况、室内空气品质，对设计进行评估。而实施核查表则是根据设计的策略，按照建筑中所采用的生态技术措施的数量和质量进行评估，例如：保温层的材料、厚度和做法，空调系统所采取的形式等。

四、结语

环境友好的生态建筑、绿色设计首先是一个功能高效、技术适宜的设计和建筑物，绿色性能也就是建筑性能的一个组成部分，它的实现同样可以通过建筑设计质量控制的过程管理来实现，它的实现同样依赖于标准化的流程管理和严格的核查、调整体系。设计企业必须首先实现对质量的控制以减少资源的浪费，提高效率，然后要面向社会以环境友好的目标作为企业管理的方向，才能在此基础上进行有效的生态设计和实现设计产品的环境目标，也才能真正实现环境友好社会的大目标，即所谓“从我做起”的“修身齐家治国平天下”。从这点上说，ISO体系很好地体现了这种思想并提出了全程管理、全面控制、全员参与的方法体系。遗憾的是，中国的设计企业能够认识到ISO9001对涉及产品质量控制的意义和对企业发展的基础作用的不多，更不用说主动利用ISO14001来实现企业的责任并对整个社会和环境作出贡献了。在这种浪费、低效、非生态的环境中进行所谓的生态建筑、绿色设计难道不是一种讽刺吗？

笔者介绍的日本建筑设计企业的实例只是抛砖引玉，希望越来越多的我国设计企业能够认识到这种以资源的高效、合理的利用为基础的设计质量控制和环境友好控制体系的作用和意义，真正推广生态的、绿色的建筑观和设计观。

参考文献

[1]日本可持续建筑协会.建筑物综合环境性能评价体系——绿色设计工具(CASBEE). 石文星译.北京：中国建筑工业出版社，2005

[2]彰国社.集合住宅实用设计指南.刘东卫等译.北京：中国建筑工业出版社，2001

[3]姜涌.职业建筑师实务与实践.北京：机械工业出版社，2007

[4]张志勇，姜涌.绿色建筑设计工具研究.建筑学报，2007(03)：78～80

[5]张志勇，姜涌.从生态设计的角度解读绿色建筑评估体系——以CASBEE、LEED、GOBAS为例.重庆建筑大学学报，2006(04)

[6]张志勇.基于绿色建筑评估体系的绿色建筑设计工具研究：[硕士论文]. 清华大学，2006

[7]The 2005 World Sustainable Building Conference Committee, eds. Japan：Japanese Sustainable Building Establishment，2005

注释

1.张志勇.基于绿色建筑评估体系的绿色建筑设计工具研究：[硕士论文]. 清华大学，2006

作者单位：姜 涌 林波荣，清华大学建筑学院
林 卫，北京市建筑设计研究院秦禾国际工作室
马 跃，北京市建筑设计研究院

建筑的自然通风
——对建筑理念、建筑形式及设计手段的影响

Natural Ventilation in Buildings
Architectural Concepts, Consequences and Possibilities

Tommy Kleiven
翻译：何仲禹

[摘要]本文以研究建筑自然通风对建筑形式的影响以及可能的设计手段为目标，通过对德国GSM总部、丹麦B&O总部和挪威梅迪亚小学的案例分析，探讨建筑设计与利用自然通风的关系。

[关键词]建筑、自然通风、建筑形式、设计手段

Abstract: *The article studies the influence of natural ventilationon architectural forms and possible architectural solutions. By analyses on the GSW Headquarters in Germany (solar chimney/ double facade), the B&O Headquarters in Denmark and the Mediå Primary School in Norway (sunspace), the author investigates the relationship bctwccn architectural design and natural ventilation.*

Keywords: *architecture, natural ventilation, architectural forms, design strategies*

建筑中的自然通风以风和热浮力为动力。人类利用这些动力实现理想的室内热环境并排出污染物已经有了漫长的历史，而我们用来控制和调整室内环境的技术正变得越来越复杂。20世纪以来，依靠机械通风和空调系统的通风手段成为主导。实现这些手段的系统异常复杂，需要的设备、占用的空间和消耗的能量也日益增加。即便如此，很多机械系统仍无法提供舒适的室内环境。在此背景下，人们把注意力再次集中到更加简单易行和节约能源的解决方式上。

与机械通风系统的风机相比，自然风和热浮力产生的驱动压力相对较小。因此，在建筑中减小气流流通路径上的阻力就变得十分必要。而建筑自身，如表皮、房间、走廊和楼梯间等，就可以充当气流的路径，并不需要机械通风系统中的风管。所以，自然通风系统需要与建筑实现高度整合，由此对建筑设计产生影响。

本文探讨了北欧一些学校和办公建筑中，建筑设计与利用自然通风的关系。本文的主要目标是研究建筑自然通风对建筑形式的影响以及可能的设计手段。主要的研究方法是案例研究和建筑师及暖通工程师访谈。本文研究的案例包括德国GSW总部(太阳能烟囱/双层表皮)、丹麦B&O总部和挪威梅迪亚小学(阳光房)。最主要的成果如下：

1.自然通风将对建筑形式产生影响，也为设计提供更多的可能。

2.自然通风主要影响建筑的立面、屋顶/轮廓、平面布局和内部空间的组织。

3.通风策略的应用(单侧通风、风压通风、热压通风)以及送排风的形式(即采用局部或中央送排风系统)对建筑设计有着至关重要的影响。

4.设计自然通风的建筑比设计与之类似但采用机械通风的建筑更加困难。为了成功地实现自然通风的理念，设计的初始阶段就需要多学科合作。

一、自然通风的策略与元素

现代建筑中对自然通风的利用无一例外地需要配合机械动力系统，以便在自然动力不足的时候加以补充。在文献中，这种自然与机械动力联合使用的模式通常被称为多元通风[1](hybrid ventilation)或混合通风[2](mixed mode ventilation)。然而本文将使用自然通风(natural ventilation)一词，尽管在我们所研究的建筑中也使用了辅助的风机。因为我们研究的重点是通风系统中"自然"的部分，也就是研究自然动力下通风对建筑形式和设计手法的影响。

1.风和热浮力，左图显示了在风中摇动的大树，右图则是在热浮力下上升的滑翔机。这两种自然的"发动机"都能够引导建筑中的空气流动。

我们从三方面描述并区分自然通风的不同概念。首先是驱动通风的自然动力。如前文所述，它可能是风力、热浮力或两者的联合。第二个方面是通风模式，即利用自然动力给空间通风的方式。具体包括单侧通风(single-sided ventilation)、风压通风(cross ventilation)和热压通风(stack ventilation)(图2)。

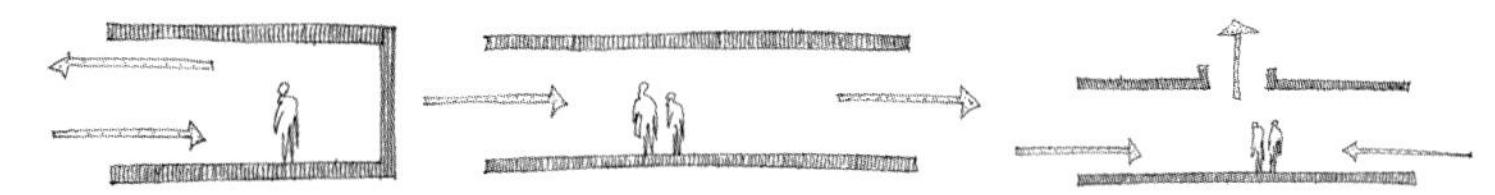

2.草图显示了三种通风模式，从左到右依次是单侧通风、风压通风和热压通风。根据经验数据，当房间进深是净高的2～2.5倍以内时，单侧通风有效；当房间进深是净高的5倍以内时，风压通风有效；当进风口与出风口的水平距离在房间净高5倍以内时，热压通风有效[3]。

第三个方面是用以实现或加强自然通风的典型元素。这些元素是自然通风所特有的，从概念上把自然通风和其他通风方式区分开来。然而，自然通风的实现并不需依靠复杂的元素，因为建筑自身就可以充当实现自然通风的元素。这种与建筑相整合的通风元素使我们懂得通过合理的设计，完全可以通过建筑来利用自然动力、引导通风，从而不需要额外的元素。从这种意义上讲，与建筑相整合的通风元素实际上是“零”元素。

因为建筑中“通风系统”与使用者共享同样的空间(房间、走廊、楼梯间等等)，窗与门也可以作为通风的路径，因此这种与建筑相整合的通风策略最显著的特征就是没有特别的“通风系统”存在。管井系统、通风间和相关的设备都被省略，从而为建筑节省了空间。B&O总部就是这种策略应用的范例。

然而，大多数依赖自然通风的建筑确实需要利用一些比较复杂的设备来强化通风效果。表1显示了不同的通风元素以及与其相关的通风策略。

通风典型元素与通风模式的关系　　表1

典型元素	通风模式	送风/排风
风洞	热压与风压	送风
风井	热压与风压	排风
烟囱	热压与风压	排风
双层表皮	热压、风压和单侧	送风与排风
中庭	热压、风压和单侧	送风与排风
通风房	热压与风压	送风与排风
预埋风管	热压与风压	送风
立面上的通风口	热压、风压和单侧	送风与排风

除了上述的通风模式和元素外，送风与排风路径的性质对于建筑自然通风的理念、建筑形式和可能的实现手段来说也非常重要。通过研究送排风路径，我们可以了解空气在建筑内外空间流动的方式，而不仅仅是内部空间的气流路径。送排风路径可以分为两种：局部送排风与中央送排风。

中央送风意味着若干个室内空间可以共同利用一个送风路径。空气可以在送风端进行不同的处理，比如过滤、加热、制冷，还可以安装风机来克服气流流动中的压力降低。因此，所有的新风都可以使用同一个过滤单元、同一个热交换器和同一个风机。中央排风意味着若干房间的废气被收集后在同一点排出。当送排风都采用中央系统时，热回收就更加容易实现。预埋风管和中庭都属于中央送风的方式，而在热压通风中，楼梯间则可以作为中央排风的路径。

与中央送排风方式相反，局部送排风方式并没有各自的风处理系统。空气通过建筑立面上的开口直接进入或排出某一个房间。可开启窗扇或立面上的其他开口都可以作为其送排风的路径。

二、自然通风对建筑形式的影响

案例选取三个建筑进行调查：两个办公建筑(GSW总部、B&O总部)和一个学校建筑(梅迪亚小学)。我们对三栋建筑各自的设计团队(建筑师和暖通/能源顾问)也作了访问。除了上述三个重点案例外，我们还对其他一些建筑进行了相对简单的调查。

(1)GSW总部，德国柏林(Berlin, Germany)

由Sauerbruch Hutton建筑事务所设计，Arup为暖通与能源顾问。建筑高22层，其主要特征是在西侧设计了双层幕墙，以利用太阳能加热空腔中的空气，产生热浮力，从而将空气排出建筑。新风由建筑东侧数量众多的进风口进入。建筑的平面非常狭窄（进深11.5～15m），这有助于对自然光和自然通风的利用[4~6]。

(2)B&O总部，丹麦斯特鲁尔(Struer, Denmark)

由KHR AS建筑事务所设计，Birch & Krogboe AS为暖通与能源顾问。建筑南翼的办公楼采用自然通风，底层架空，其外观从庭院看上去

非常轻巧(因为没有机械通风系统必需的吊顶和风管)。北立面每层楼板前有一系列可开启的窄窗作为进风口。内部空间作为空气流通的路径。两个楼梯间作为排风烟囱。由于通风设计与建筑设计高度整合,整个建筑看上去似乎没有通风系统的存在[7~9]。

(3)梅迪亚小学,挪威哥朗(Grong, Norway)

由Letnes建筑事务所设计,VVS Planconsult AS为暖通与能源顾问。学校在设计上的主要特点是有一个排风烟囱,并且在屋顶上设有兼具阳光房和排风功能的小间。阳光房为教室提供了额外的日光,增加了热浮力,也提高了从排出空气回收热量的效率。与进风井(inlet tower)相连的预埋风管为建筑内部提供新风[10, 11]。

一个利用自然通风的建筑应该保证空气的进入、排出,以及在室内的自然流动。简单地说,自然通风对建筑形式的主要影响体现在:

a.建筑表皮上的开口(进风口或出风口)

b.内部布局(包括平面和剖面)要尽可能保证从进风口到出风口的压力差

为了详细说明这两点,我们通过一个"建筑清单"来探讨三个案例建筑中自然通风对建筑形式的影响。这个清单包括:场地、朝向与体型、平面、剖面、立面、通风元素以及内部空间。

1.场地

场地的特性和潜力是自然通风设计概念的基础。设计应选取场地上主导的动力(风力或热浮力)并尽可能高效地利用。通风设计概念可以基于一种主要的动力(如梅迪亚小学主要利用热浮力)或风力和热浮力都加以考虑(如GSW总部)。场地的气候条件也会影响通风设计概念。寒冷的气候条件下适宜采用中央通风系统,这有利于热回收和新风预热(如梅迪亚小学)。局部的通风系统则适用于不易产生贯通风的温和气候条件(如GSW总部和B&O总部)。对案例中的三座建筑的调查显示,建筑对于周边环境的呼应(如周边的建筑、街道与道路、场地周边的建筑类型等等)和相关法律法规的约束都会对通风设计概念产生很大的影响,特别是在设计的初始阶段。

2.朝向与体形

建筑的朝向和体形对于自然通风的影响不如预期的大。建筑文脉和法律法规对于体形的决定作用大于通风方面的考虑。研究进一步发现,采用自然通风的建筑并不一定在体形上比采用机械通风的建筑更符合空气动力学的要求。就体形而言,大多数自然通风建筑的特别之处在于进深较小(但确实存在自然通风应用于大进深建筑的例子)。因此,我们并不能说自然通风对建筑体形有特殊要求,它们可以是任何形状。

当然,自然通风的一些典型元素会对建筑的体形有一定影响。屋顶上的通风设备(如烟囱、风洞、风井)会影响建筑的外轮廓,GSW总部就是如此。太阳能烟囱、双层表皮、立面上的通风口(如GSW总部)都会对建筑外观产生影响。

3.平面

自然通风建筑的平面在比例上要保证自然气流的通过。在设计上常常表现为线性的平面或利用风压通风的中庭空间(如GSW和B&O总部)。在采用热压或风压通风的策略时,平面上应使气流在进风口与出风口之间流通顺畅。理想的平面布局是开敞的,或者尽可能减少内隔墙。这样的布局同时满足对自然光的利用并且有着良好的视野,但是可能会丧失一定的使用灵活性,也会带来防火和声学问题。

4.剖面

除了热压通风中对于垂直气流通路的要求外,自然通风的实施对于建筑剖面并没有特别明显的影响。一个垂直的气流通路在建筑上通常表现为贯通几层的室内空间,比如大厅、接待厅、用于排风的楼梯间,这些空间必须与利用它们的空间直接相通(如B&O总部)。其他的垂直气流通路包括烟囱、贯通几层或所有层的双层表皮空腔(如GSW总部)。低层建筑或高层建筑的屋顶层如果需要利用热压通风,可以把屋顶设计成倾斜的方式,这样有利于自然气流的上升和排出(如梅迪亚小学)。

5.立面

自然通风设计对于建筑立面最主要的影响在于通风口。与中央通风系统相比,局部通风的进风口与出风口对立面形式影响很大,因为它们分布在整个立面上,并且为了保证压差,这些开口的面积要足够大。GSW总部的东立面,分布了很多进风口,是一个充分的例证。中央通风系统的进风口通常位于与建筑分离的塔井中,出风口位于建筑屋顶,因此对于立面基本没有影响,梅迪亚学校就是如此。其他一些通风的典型元素,如英国郎彻斯特图书馆(Lanchester Library, UK)的烟囱、英国BRE环境楼(The Environmental Building, BRE, UK)的太阳能烟囱、德国德意志邮政总部(Deutsch Post Headquarters, Germany)的双层表皮,都与立面相整合,因此对立面的表达产生影响。

6.通风元素

通风元素对于建筑形式的影响可以微不足道,也可举足轻重。中低层建筑中常见的预埋风管几乎对建筑没有任何影响。而风洞、风井和烟囱则对建筑轮廓影响巨大。烟囱是中低层建筑中最常见的排风设施,这在英国非常普遍。双层表皮的空腔通常在没有强烈贯通风的情况下作为高层建筑的通风廊道。大多数自然通风的高层建筑位于德国,其中很大一部分采用了双层表皮,如GSW总部、debisHaus、Commerz银行总部、荷兰邮政总部、MDR Zentrale, ARAG总部、Deutsche Messe AG等等。

7.内部空间

自然通风建筑的内部空间设计应尽可能避免气流流通中的压力降低。这通常导致开敞的平面布局,或各个房间及其功能以一种开放的方式彼此联接。不同的房间兼作空气流通的路径,从而成为"气流路径链"上的一个个环节,房间的比例和尺寸取决于该房间在这条链中的位置,这就是自然通风建筑内部空间的特征。例如,中庭或高的大厅形成了良好的排风空间。形象地说,这样的空间既是一个"发动机",又是一个"设备间",同时也是适宜的气流路径,它们作为建筑中一个主要空间,还具有重要的功能。这与机械通风建筑中放置风机和其他空气处理设施的"设备间"大相径庭。后者通常位于建筑地下或屋顶部分。自然通风的建筑中,由于减少了吊顶,从地面到屋顶的高度足够在产生呼吸废气和热空气的区域之上容纳一个缓冲区；相对小的进深可以更好地利用日光并提供良好的外部视野；直接暴露在室内的混凝土、石材、砖等蓄热性材料也成为建筑内部空间的特点。

三、自然通风给建筑设计提供的可能

对自然通风的利用为建筑设计提供了新的可能。GSW总部的设计师、Sauerbruch Hutton建筑事务所的Juan Lucas Young的一段话表达了这个观点：

"在某种程度上，一件事启发了另一件事。有时，通风设计会推进高层建筑设计的想法，有时高层建筑的设计也会促进和创造通风概念。两者成为彼此不可分割的整体。"

建筑的通风可以简单地概括成：1.将新鲜空气从建筑外部引入；2.引导空气流经各室内空间，为这些空间提供新风，同时带走热量和废气；3.将废气排出建筑外。当我们试图挑选出与自然通风有关的建筑设计的可能性时，这三点是非常有帮助的。

第一点与第三点，让空气进入和排出建筑，通过建筑表面（立面和屋顶）上的通风口体现出来。它们可以通过不同的方式被强调，可以体现在不同的通风元素上，比如风洞或双层表皮。对于通风口的设计和形式考量为建筑设计提供了创造的可能，但同时也会成为设计的约束和挑战。通风口的位置和尺寸使得其在建筑的表达上通常比较显著，特别是建筑立面上，一些情况下在屋顶上亦是如此。它们被认为是重要的建筑元素。当建筑表面通风口的位置被确定后，我们还是可以通过进一步对建筑体形等的设计增加周边的压力以强化通风效果。德国汉诺威的Deutsche Messe AG行政楼就是这样一个例子：通过建筑通风口位置体量的增大处理，自然风的驱动力得到加强。同样，德意志邮政总部（德国，波恩）和MDR-Zentrale(德国，莱比锡)通过采用弯曲的立面来影响自然风的驱动力。然而，在大多数情况下，增加动力的手段是一些典型的通风元素，而不是整个建筑的体型，例如：GSW总部大楼的翼、B&O总部的风帽、IONICA总部（英国，剑桥）的风井等等。

第二点，引导气流在进风口与出风口之间的内部空间流动，对设计来说是巨大的挑战，因为从通风的角度，最佳利用自然动力的方式是减少空气流通中的压力下降，但这与建筑的功能要求和使用者需求有矛盾。尤其在利用风压通风和热压通风的建筑中，这一矛盾更加明显，因为气流的路径要比单侧通风长很多。这个挑战为建筑空间的组织、建筑整体造型，特别是内部空间的形式提供了潜在的创造可能。如前文所述，从自然通风的角度，不同的房间在进风口与出风口之间形成了气流链，随着在"链"中的位置不同，房间的比例、大小和高度等等也应有所不同，这就为内部空间提供了设计的可能。这种可能还包括与内部空间体验与品质相关的设计(如体积、比例、净高)以及通风廊道中不同的表达手段和品质带来的连接方式和空间韵律的变化。

通风策略和内部空间的组织为建筑采用新的形式和比例(如GSW总部、B&O总部、Commerz银行总部、德意志邮政总部、Jean Marie文化中心)提供了理由，也带来了争论。很多采用自然通风的建筑体型类似，它们都是为了使所有的室内空间都能利用自然光，同时使室内每个地点都有比较好的外部视野和沟通。GSW和B&O总部的设计证明了这一点。摒弃了大的通风间、复杂的通风设备以及各种水平、垂直的管道，这本身就为建筑设计提供了更多的可能与更大的自由[12]。

注释

1.Heiselberg, P. (ed.). Principles of Hybrid Ventilation, Aarhus University Centre, Denmark. 2002

2.CIBSE Application Manual AM13 Mixed Mode Ventilation, The Chartered Institution of Building Services Engineers, London. 2000

3.CIBSE Application Manual AM10 Natural venitlation in non-domestic buildings, The Chartered Institution of Building Services Engineers, London. 1997

4.Intelligente Architektur 21, Zeitschrift für Architektur, Gebäudetechnik und Facility Management, 2000, 2, 29～41.

5.Brown, D. J. The Arup Journal (Millennium issue 3), Vol. 35 No.2 Ove Arup Partnership Ltd, London. 2000

6.Sauerbruch Hutton Architects. GSW Headquarters, Berlin, Lars Müller Publishers, Baden, Switzerland. 2000

7.Hendriksen, O. J. et.al. Pilot study report: Bang & Olufsen Headquarters International Energy Agency (IEA) Annex 35. 2002

8.Monby, P. S. and Vestergaard, T., Birch & Krogboe A/S Styr på. Naturlig Ventilation (Controling Natural Ventilation), VVS/VVB 13, 1998, 20～24. (Article in the Danish HVAC journal).

9.Dirckinck-Holmfeld, K. Bang & Olufsen A/S, Special print of Arkitektur DK 6/99. Boktrykkeriet, Skive. 1999

10.Tjelflaat, P. O. and Rødahl, E. Design of Fan-Assisted Natural ventilation. General Guidelines and Suggested Design for Energy-Efficient Climatization-System for School Building in Grong, Norway. SINTEF Report STF22 A97557, 1997

11.Tjelflaat, P. O. et.al. Pilot study report: Mediå School in Grong, Norway, IEA Annex 35: HybVent, 2000

12.Kleiven, T. Natural Ventilation in Buildings. Architectural concepts, consequences and possibilities. PhD thesis at Department of Architectural Design, History and Technology, NTNU. 2003

作者单位：挪威皇家科学院建筑与基础设施部

挪威的低能耗建筑

Low-Energy Buildings in Norway

Tommy Kleiven

翻译：王韬

[摘要]挪威议会启动了一项旨在改变能源生产和消耗方式的政策。作为这项政策的一部分，建立了使用新的国家目标以鼓励可再生能源基础上的采暖技术、热泵和垃圾制热。最近，挪威政府又宣布了增加地区供热能力的补充目标，并且提供了对地区供热网的补贴。为了推动地区供热，政府还在有可能提供地区供热的地区开展了在新建筑中强制安装热水供暖系统的措施。

开发商倾向于建造低能耗住宅，而政府的目标是推广地区供热网，这两者之间的矛盾提出了能源的供应方和使用方之间联动关系的问题，也指向了未来的低能耗被动式建筑——一种最佳解决方案。

[关键词]低能耗建筑、被动式建筑、建筑能源绩效

Abstract: *The Norwegian Parliament has initiated a shift in the way energy is produced and used in Norway. As a part of this, national goals have been established of increasing the annual use of hydronic heating based on new, renewable energy sources, heat pumps and waste heat. The Norwegian Government has recently announced a supplementary goal of increasing the annual district heating capacity, and indicated that funds will be made available to subsidise the development of the district heating net. In order to promote district heating, the authorities also open for mandatory installation of hydronic heating systems in new buildings in areas where district heating potentially could be developed.*

This emerging conflict between the developer's drive towards low-energy buildings, and the authorities' goal of expanding the district heating grid, raises some questions about the interaction between the supply side and demand side of the energy system, and the choice of optimum energy solutions for future low-energy and "passive" buildings.

Keywords: *low energy buildings, passive buildings, building energy performance*

一、能源使用和环境问题

尽管在过去35年中，挪威建筑的墙体、屋顶和地板厚度已经翻了4番，但是商业建筑每平方米的能耗没有降低，反而有所增加。原因是多方面的，其中最主要的因素是：

1.越来越多的幕墙建筑；

2.增加照明和设备带来的负荷；

3.由于更高的空气质量要求，更多的能量被用于空调设备(制冷、制热)以及形成空气流动(风扇)；

4.因为采取了更加严格的温度控制和建筑更大的产热量(日照、内部热量)，在挪威商业建筑使用机械制冷已经越来越普遍，这也使建筑对能量有了更大的需求。

其中，通风要求大幅度增加了建筑的能源需求。这并不仅仅是通风系统的设计问题，而是由对于现代建筑的整体认知决定的。现代建筑的设计主要是围绕功能、流线和视觉设计展开。然后，在设计阶段的后期，再由供热、机械通风和制冷系统设计决定室内气候。这就往往造成了供热、制冷和通风的高能量需求。

设备、照明、制冷和风扇使用的能源都来自电力，而

电能供应在挪威已经接近极限。如果对于电能的需求持续增加，将不得不建设新的发电厂，随之而来的是对环境的负面影响。因此，未来必须降低建筑的能源需求，特别是电力需求。

二、投资、维护、运行费用和服务周期

自二战以来，机械设备安装成本持续增加，目前已经占整个建筑成本的25%～35%。在建筑更新改造项目中，这个比例更高达50%～60%。

先进设备的维护和运行费用同样高昂。在一个拥有先进气候控制设备(供热、照明、通风和制冷)的现代建筑中，需要有专业技能的人员持续监控系统的运转。此外，加上设备定期维护和不定期维修，整个运营和维护成本相当高。

设备的寿命一般是15～25年，这比建筑本身50～100年的寿命要短很多。设备寿命到期后，需要整体重新安装，随后建筑其他部分通常也需要相应的更新。从环境的角度看，在这么短的时间内就对整个建筑进行翻新是很不合理的。

三、过去与现在的被动式建筑

在机械通风、制冷和电气照明出现以前，建筑中使用了很多自然和被动式技术来适应气候，例如：采用自然通风、门窗通风、大空间/高顶棚、储热体、特殊的窗户设计以尽可能地利用日光并同时避免直接的日照。

近年来，许多类似技术被重新利用以减少或取代机械通风和制冷，并且降低人工照明的需求。但是，现代商业和办公建筑的业主和使用者对于舒适度和室内空气质量有更高的要求，在一定程度上对能源利用效率也是如此。因此，在现代建筑中不加改进地采用以前的被动式建筑技术是不合适的。

1.对于自然和被动式技术的理论理解要比过去有了巨大的进步；

2.现代个人电脑和软件可以更加真实地模拟和预测被动式技术；

3.先进的计算机控制系统可以控制和优化被动式技术以达到更好的舒适度、更高的室内空气质量和更低的能源消耗。

四、未来的建筑潮流、新的政策和被动式建筑标准

在过去10年里，适应气候的自然和被动式建筑技术在欧洲已经得到越来越广泛的应用。在斯堪的纳维亚国家(尤其是瑞典和丹麦)和其他欧洲国家，如德国、奥地利、瑞士、荷兰和比利时，"被动式建筑"受到了业主和使用者的欢迎。未来随着低能耗可持续建筑的发展，这种趋势还会进一步加强。2006年欧盟全面启动的建筑能源绩效规定还将形成更加强有力的推动力。

挪威不同类型建筑的最大能耗 表1

建筑类型	总能耗（kWh/m²·年）
独立住宅	125 + 1600（房间供热）
单元住宅	120
幼儿园	150
写字楼	165
学校	135
大学	180
医院	325
疗养院	235
宾馆	240
体育中心	185
商业建筑	235
文化中心	180
轻工业、车间	185

被动式建筑标准是由Wolfgang Feist博士建立的。一座建筑必须满足以下几个方面的要求才可以称为被动式建筑：

1.空间加热的净耗能低于15 kWh/m²·年

2.供热设备最大功率小于10 W/m²·年

3.没有任何能源消耗用于制冷

4.窗户的平均U值（包括窗框）低于0.8 W/m²K

5.送风功率小于1.5 kW/m³/s

6.建筑维护结构：n50 < 0.6 air changes/hour

7.照明能源消耗小于7 kWh/m²

五、低能耗建筑的设计策略

在京都金字塔的基础上，可以将建筑设计过程分为五个渐进的步骤：

1.降低热量损失和制冷需求(有力的隔热措施和密封的建筑外墙，有效地从通风设备回收能量，有效的遮阳措施，结合夜间供冷使用储热层)；

2.减少使用电能(高效的照明和其他设备，低压差通风系统，低功率风扇)；

3.使用太阳能(最佳的窗户朝向，设置阳光中庭，合理设置储热层用于被动式供热和制冷，太阳能采集器，光电能转换设备)；

4.明确显示并控制能源消耗(按照需求控制的照明、制冷、供热，建立能源消耗反馈)；

5.选择低能耗的能源及其载体(太阳能采集器、热泵、地区供热、木柴、燃气和电)。

六、实例

1.Husby Amfi：51户低能耗住宅

能源使用

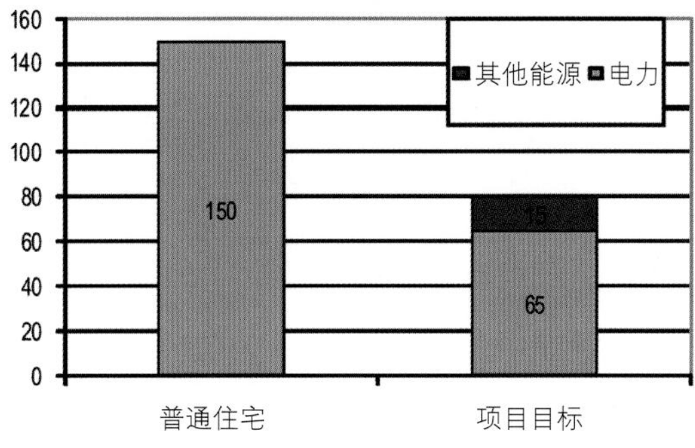

Husby Amfi节能目标

(1)总能源消耗低于80kWh/m^2·年；

(2)供热能耗低于25kWh/m^2·年；

(3)电力消耗低于65kWh/m^2·年，相当于一般住宅电力消耗的45%。

Husby Amfi技术方案

(1)加厚的保温隔热层(墙体和楼面250mm，楼板300mm)；

(2)高性能窗户(三层玻璃两层LE镀膜，填充氩气)；

(3)最大程度避免冷桥的建筑西部；

(4)高效率的照明和电气设备；

(5)平衡的通风系统，并保证热量回收；

(6)南向布置——被动式太阳能利用；

(7)使用蓄热层(混凝土楼板与隔墙)；

(8)中水热泵。

能源使用情况随时向使用者反馈

(1)每户入口处的总控制开关可以将住宅单元设置为“休眠模式”(减少通风，降低室内温度，关闭照明和其他电器)；

(2)网络基础上的能源消耗监控系统：每户住宅提供一台个人电脑，安装相应程序随时显示住宅单元的能源使用状况，以及与其目标的比较。

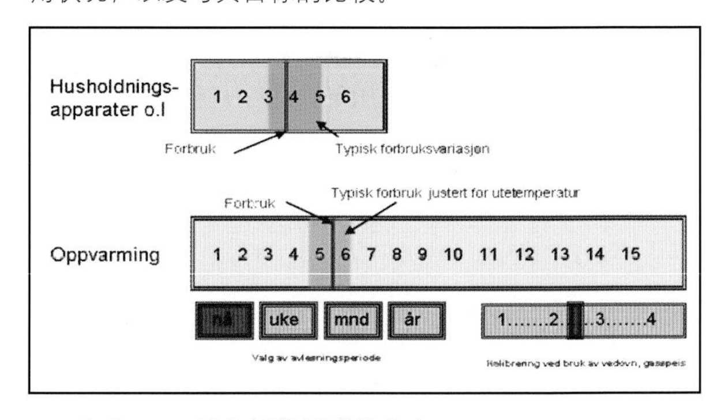

2.Grong：10户低能耗联排住宅

Grong节能目标

(1)相对同类型联排住宅减少50%的能源消耗；

(2)提供可靠的解决方案，既尊重使用者的生活习惯又有一定的容错性；

(3)项目尽可能做到经济有效；

(4)这个项目将在挪威成为此类住宅经济性的示范；

(5)未来成为这个地区住宅的常规做法。

每年能源支出：5300 挪威克朗(9600kWh/m^2·年)

Grong技术方案

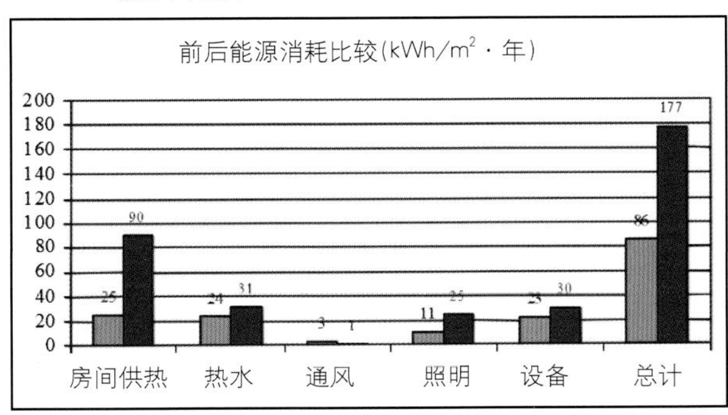

(1)高效窗户，U值 1.0W/m²K；

(2)门的U值：0.85W/m²K；

(3)250mm厚的外墙，U = 0.16W/m²K；

(4)400mm厚屋面，U = 0.10W/m²K；

(5)有250mm聚苯乙烯的楼面，U = 0.11W/m²K；

(6)在50Pa气压条件时，将空气渗透降低到1.0ach；

(7)平衡的通风回收85%的热量；

(8)低能耗照明；

(9)低能耗电器(欧盟认证)；

(10)节水措施。

3.Rosenborg Park：400～500户低能耗住宅单元

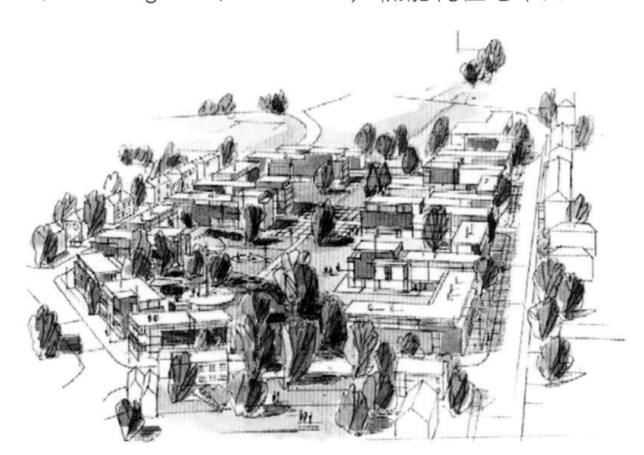

Rosenborg Park节能目标

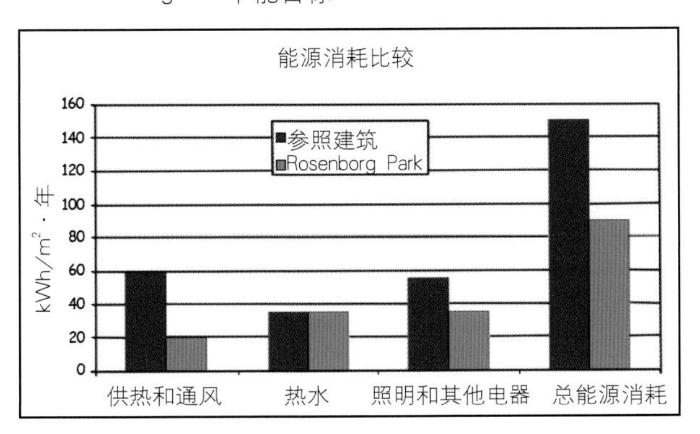

Rosenborg Park技术措施

(1)增强的建筑围护结构，超级隔热窗户，最大程度减少冷桥和渗漏的西部构造；

(2)低能耗照明和其他设备，平衡的机械通风并回收热量；

(3)能源使用的及时反馈和有效控制系统；

(4)朝西向和南向的房间布置；

(5)节水措施，热水来自区域供热网；

(6)来自区域供热网的卫生间水媒地暖系统；

(7)剩余(很少一部分)供热需求由自动控温的电热系统解决。

七、结语

政府发展地区供热网和水媒介供热系统的政策与低能耗住宅之间存在一定的冲突，显示了能源供应方和使用方互动中形成的问题。但是无论如何，低能耗和被动式建筑的持续发展不会受到影响，而我们需要为未来的低能耗被动式建筑寻找到最佳的能源供应方案。

作者单位：挪威皇家科学院建筑与基础设施部

零能耗住宅
——地热交换、太阳能热电联产及低能耗建造策略

Zero Energy Houses
Geoexchange, Solar CHP, and Low Exergy Building Approach

Peter Platell and Dennnis A. Dudzik
翻译：何仲禹

[摘要]一座建筑需要不同品位的能源，即热力学中所说的“㶲”，通过对其的研究，我们将有可能做到减少建筑的总用电量并适应不同的温度需求，以获得显著的能源效率提高。本文则论述了基于地热交换与太阳能利用的相关低能耗建造策略。

[关键词]㶲、地热、太阳能、低能耗、能源效率

Abstract: *A building needs energies in different qualities (i.e. exergy). By studies on this, we can reduce the overall needs on electricity according and increase the efficiency of energy-use. The article discusses the zero energy building strategies based on the geoexchange and solar thermal combined heat and power.*

Keywords: *exergy, geo-exchange, solar energy, low-energy, energy efficiency*

2006年3月29日，世界可持续发展工商理事会在瑞士日内瓦宣布：将建立一个由全球顶级公司组成的联盟致力于设计和建造不依赖外部能源的建筑，这种建筑将实现零碳排放，且其建造和经营成本接近市场平均水平。这份报告对那些需要更多关注的零能耗住宅(Zero Energy House, ZHE)研究是一个有力推动。零能耗住宅的地热交换、太阳能热电联产(CHP)和低“㶲”(音拥，Exergy)建造策略来源于一些相关研究课题，并且在零能耗住宅的应用中显示了上述策略之间的相互加强效应。在住宅中不使用“高级”能源(指能源的品位即“㶲”)是使零能耗住宅实现经济有效的一个重要步骤。大部分的能源转化和储备可以通过合理利用完全可再生的太阳能来实现。但是，为了保证住宅全年全天候的能源需求，一定的能源储备是必要的。在未来的零能耗住宅中，可以通过使用集中式太阳能动力(CSP)把二氧化碳和水合成为氢或酒精，从而提供这部分能源。

一、简介

2001年，美国经济的20%属于建筑市场，在其10万亿美元的GDP中占12.7%。据美国能源部(DOE)的统计，建筑能耗占全国初级能耗的39%，包括生产过程中的燃料消耗。据美国环保署(EPA)估计，建筑业每年产生的建筑废料达1.36亿吨。建筑消耗了美国用电量的70%。尽管使用可再生能源自给自足的潜力巨大，但是目前的建筑几乎完全依靠外部能源。应该认识到，建筑自身具有利用低品位可再生能源的潜力，而建筑的表皮和基础是这些能源最基本的来源。

一座建筑需要不同品位的能源，也就是热力学中所说的“㶲”。例如，水泵、风机、计算机的运行需要消耗电能等高品位能源；舒适的室内环境要消耗低温热能；加热水需要高温度的能源；冰箱和其他制冷机也需要低温热能。

在世界上的大多数地方，所有这些不同品位的能源是在0°C～25°C的范围内产生的。一些国家属于显著的内陆气候，冬夏气温差距较大。这些国家就需要更多的能源来提供一个舒适的室内环境。

二、定义

地源热泵(Ground-Coupled Heat Pumps)：将家用热泵的热量来源从空气变成地下，所产生的加热房间的能量是驱动热泵所消耗能量的4倍。此外，通过设置若干合理的地热交换器(地下盘管)，利用大地存贮热量是完全可能的。

低“㶲”建筑(Low Exergy Buildings)：采用建筑低“㶲”加热与制冷技术可以提高热泵效率。低“㶲”策略意味着提供的能源品位(温度)接近目标温度(供热时与能源温度与目标温度相同，制冷时比目标制冷温度略低)。

劳特零能耗住宅(The LOETE ZEH)：除了低温能源外，建筑仍然有对高品位能源(高“㶲”)的需求，比如电机、计算机和照明用电。劳特零能耗住宅可以通过太阳能热电联产(CHP)为自身提供电能。现代高效的小型太阳能蒸汽机为其实施提供了条件，新型的蒸汽缓冲器则可以提供短期能源储存。

三、地热交换

在世界上所有的人类居住地，大地的平均温度与理想的室内温度(约20°C)十分接近。通过利用热泵将地下的热源收集到空调系统，可以为加热空间提供4倍于驱动热泵所需的能量。相比较而言，大型发电厂生产电能的平均效率只有30%，能源利用率是不理想的。

图1介绍了一种新型的地热交换器(地盘管[1])。它可以更有效的利用地热。其还显示了一种典型的垂直温度渐变。

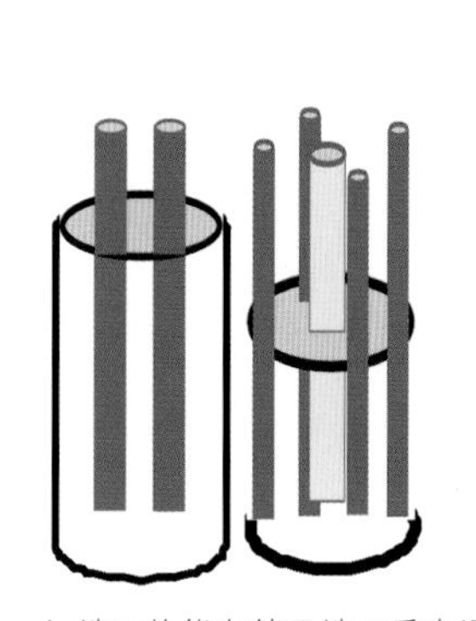

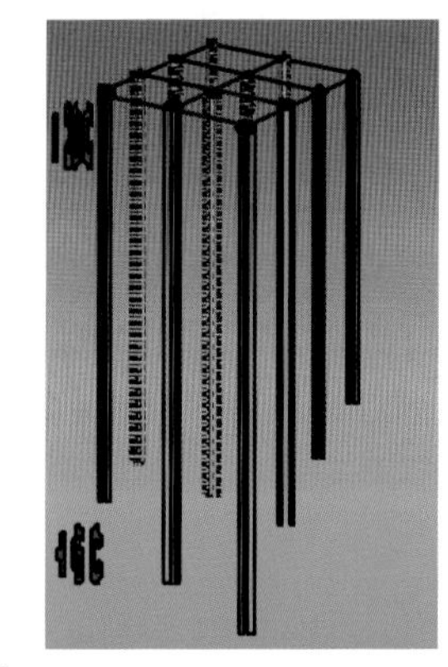

1.地下热能存储及地下垂直温度渐变

与传统的地源热泵相比，这种新型的地热存储装置具有如下几个优势[2]：

1.每米更高的功率（W/m）

2.更低的热量损失

3.夏季可以提供较低的温度

4.压力差较少

5.更小的生态足迹

四、应用于空调系统的低“㶲”建筑

热泵的效率可以通过采用建筑低“㶲”制冷与加热技术获得进一步提高。通过这种策略，提供的能源品位(就温度而言)与目标室内温度非常接近。在冬季，热泵提供的初始热量只比室内温度略高几度，而当热媒(水)流经建筑外层表皮并放热后温度显著降低。然后，这些“冷”被地盘管中的水吸收。与此同理，在夏天，热泵提供的初始热量比室内温度略低，而流经外层表皮后温度显著升高。也就是说，建筑表皮既是一个制冷外壳，同时也是一个低温太阳能收集器。

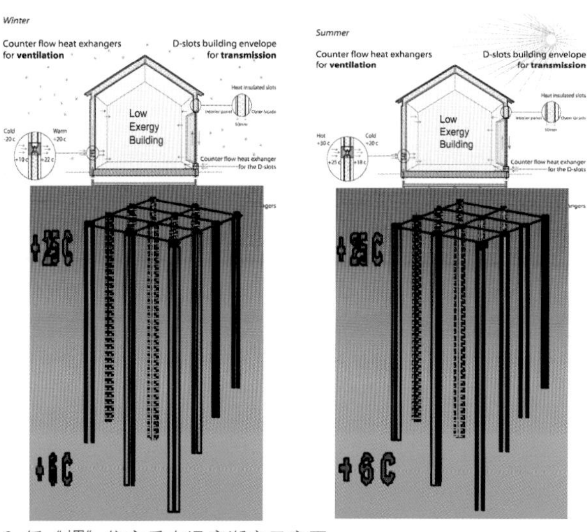

2.低“㶲”住宅垂直温度渐变示意图

图2显示的是一个应用低㶲策略的住宅。这个建筑只需要很少量的高品位能源来驱动热交换器中的水循环以及建筑双层表皮的风机。从初始温度到回流温度的显著差异代表着泵的能量消耗。在世界上大多数地方，这样的住宅几乎不需要任何额外的能量去实现舒适的室内环境。

通过图1所示的这种低“㶲”住宅，可以实现地热与建筑内部热量的交换来制冷或取暖。如前文所述，在此过程中需要提供的仅有泵和风机的驱动能源而已。而由于盘管系统(HVAC)初始温度和回流温度的差异，其能源消耗是非常低的[3]。

五、热水、制冷机和电力

除了空调系统的能源，加热水也需要较高的温度。如图1所示，地下的热源品味(15°C～25°C)对用热泵来加热水来说意味着需要较高的性能系数(COP)。用于制冷或冷冻的低温可以通过较高的制冷系数实现，由于大地中有低温汇(heat sink)的存在，因此只需要把这个低温从地下输送到地表。

除了上述的低温能量需求外，还需要高品位能源如电提供给电机、计算机和照明。

应用太阳能热电联产(CHP)可以使零能耗住宅生产自身需要的电。为了实现可行的CHP，有几个问题需要注意：首先，CHP必须能够分别提供独立的电和热，因为对它们的需求并不总是同步。其次，CHP必须在部分负荷下具有最佳效率，而不是在全负荷下。因为对于一个CHP来说，平均能量需求将远远低于高峰能量需求，前者只有后者的十分之一。

今天，微型燃气轮机和内燃机(ICE)是获取小规模、本地能源的最常见技术。而作为未来的能量来源，燃料电池的前景被看好。但是，现代高性能、小型的蒸汽机系统似乎是实现本地CHP的最佳选择。

首先，较低的温度下的外燃方式可以使用任何本地能源。可以采用使用不同类型燃烧炉的蒸汽机，从而使用任何可利用的当地主要能源作为燃料，比如汽油。

其次，蒸汽机系统可以在条件允许的情况下使用太阳能。尽管目前太阳能利用主要是大规模的，但其规模可以通过在建筑表皮中整合一个集中器(类似于一个水槽)得到减小。当没有太阳的时候，蒸汽机可以开始使用其他能源。在夏季，只有供电需求而没有供暖需求时，大地可以充当一个集热器，把多余的能量储备到冬季使用。这使得全年的供电与供暖需求可以很好的平衡，并且保证了较低的投资。

六、基于太阳能的二氧化碳朗肯循环

太阳能可以在几个方面加以利用，最著名的技术是光电转换(PV)。另一途径是基于水汽化膨胀(比如在涡轮中)的太阳能热力。其他的方法例如朗肯循环(ORC)——因为可以利用相对较低的温度，从而得以应用廉价而简单的太阳能集热器。然而，这种太阳能集热器子系统的安装是对环境有害的，因此不被提倡。

与传统朗肯循环相比，二氧化碳是具有诸多优势的自然环保工质。它没有破坏臭氧层的潜在可能(ODP)，对其利用导致全球气候变暖的潜在可能性也不大(GWP=1)。此外，它价格低廉、没有爆炸性、不可燃，而且在自然界大量存在。考虑到它的临界温度较低(7.38MPa，31.1°C)，二氧化碳能量循环是跨临界循环。这意味着工质的热交换发生在超临界区，这就避免了直接蒸发时吸收管内两向流的不稳定。如果要在超临界状态下使用水，那么就需要提供22MPA的压力，这种高压的提供是有困难的。

已有大量研究探讨了二氧化碳的跨临界循环[4,5]。基于二氧化碳的上述优点，它被应用于ZHE。图3用温度和熵图显示了二氧化碳跨临界能量循环。

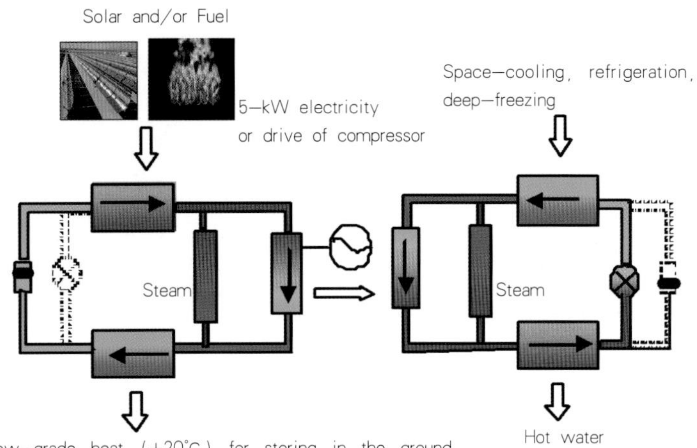

3.二氧化碳跨临界能量循环

七、高温能量储存

图1所示的新型地能储存为储备用于空调系统的低温热量提供了廉价的方法。然而，为了获取需要的高质量能源储备[6,7]，还需要考虑以下特点：

1.能源品位

2.释放过程中能源品位的降低

3.储存过程中能源品位的降低

4.能源密度（kWh/kg或单位体积）

5.功率密度（kW/kg或单位体积）

6.生命周期（循环产生的能源低降级）

7.使用周期（使用损耗带来的能源低降级）

总而言之，电池在上述方面存在一些缺陷。

当ZHP使用太阳能热电联产的朗肯循环时，建议使用"蒸汽缓冲器"来储备短期的高温热量[8]。这种蒸汽缓冲器通过利用多孔的陶瓷、金属泡沫，或微型孔道材料来储备高温热量。通过输入二氧化碳为蒸汽缓冲器充电，而热量则由蓄热材料以显热的形式分散吸收。即使有故障发生，缓冲器中少量的高温高压气体也是没有危害的(该系统不能与老式的所谓蓄汽器一起使用，否则在故障时会发生危险)。

这种蒸汽缓冲器是一种可以高效利用材料的生成型热交换器(也就是说它是一种有着较高能源密度和功率密度的高效再生成热量交换器)。当被存储的是显热时，能源密度取决于存储的温度。在600°C时，热量的能源密度接近150kWh/kg。

在能源密度不是关键条件时，提高功率密度就更有吸引力。计算机模拟显示功率密度可以高达10kWh/kg甚至更高。这意味着对间断的可更新能量的高效吸收和对能量需求的迅速供给。

八、MEU——多功能能量单元

ZEH的概念中包括热泵、机械制冷装置和组合热功单元。所有这些功能可以通过使用一个组件得以实现：高压对流热交换器和压缩/膨胀机。

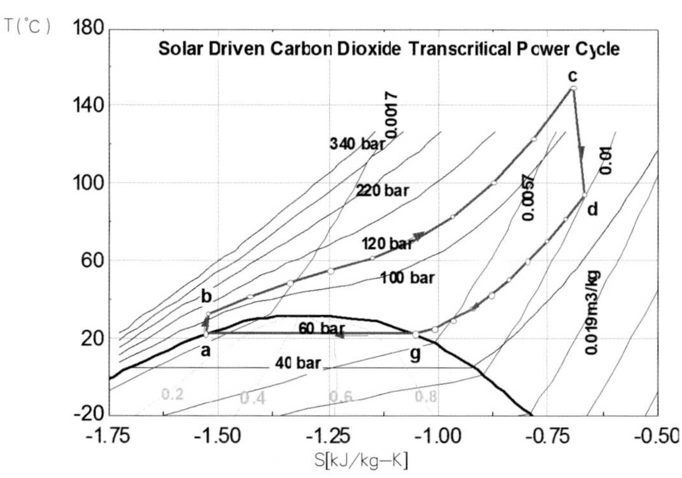

4.MEU-多功能能量单元

图4显示了两种由本质相同的组件构成的单元。一个单元作为能量循环装置，为另一个单元提供轴动力，后者可以提供制冷或加热水需要的温度。在太阳照射时，集中式太阳能(CSP)集热器——一种类水槽设备，可以将超临界的二氧化碳加热到200°C。CSP可以在更高的温度下运行，但是使用二氧化碳的一个好处是当低温汇可用时它可以提供相当高的效率。图5表示不同温度和压力下的二氧化碳朗肯循环效率。

冷凝温度是22°C。大地成为一个高效的热量吸收器，进入大地的热量被储备起来直到冬季使用，其间能量损失很少。如果需要对房间供暖，冷凝器释放的低品位热量同样可以直接用于建筑的双层表皮中。

如图5所示，二氧化碳朗肯循环的效率在膨胀机达到200°C以后基本不发生变化。然而，如果一个能够持续利用蒸汽的热交换器被整合到超临界二氧化碳的预热中(一个再生成循环)，效率就可以变得更高。图6显示了这种二氧化碳朗肯循环系统的效率，该系统装备具有对流特征的外部热交换器。与图5比较可以发现，在起点时效率已经有所提高；而在高温下，热交换器的效率将进一步显著提高。由此，得到了一个高效的再生成能量循环系统。在燃烧燃料时，通常可以达到400°C～500°C的温度。因此，可以实现25%的效率，这与其他的微型供能技术达到了同样的水平。

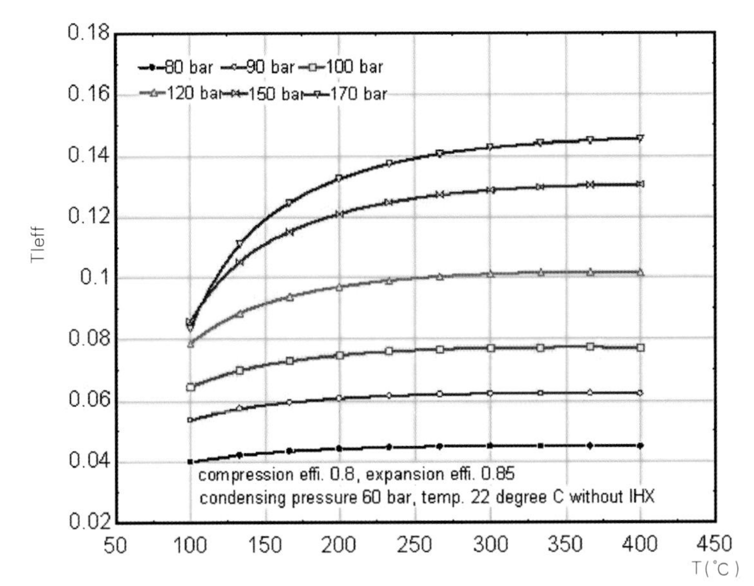

5.没有内部热交换器的效率(电力)

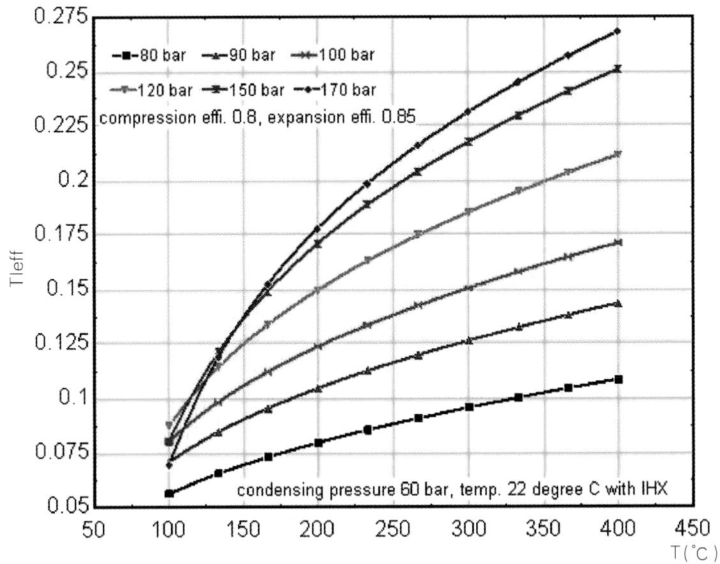

6.有内部热交换器的效率(电力)

九、结论

通过对“㶲”的研究，我们完全有可能做到减少建筑的总用电量并且适应不同的温度需求，以显著提高建筑的能源效率。

上文描述的ZEH理念依据历时数年的不同研发项目提出，它们共同推动了低成本高效率的零能耗住宅。但是，在该产品可以投放市场之前，仍有一些需要克服的困难。最主要的是实现不使用燃油的二氧化碳朗肯循环膨胀/压缩器。另外，阀门和调节控制技术也需要进一步研发。

另外，作为一种强力清洁剂，超临界二氧化碳可以洗去油和类似的润滑剂。因此当系统是一个以高温燃气为燃料的膨胀机时，油并不是润滑剂的上佳选择。在达到450°C的燃点时，油会发生降解。

可以期待的是，使用二氧化碳朗肯循环的零能耗住宅将成为一种经济有效的产品，这一点从马上就要大规模生产的、与之原理相同的汽车空调单元身上就可以得到证明。

致谢

非常感谢KTH的Yang Chen硕士提供了二氧化碳朗肯循环的运行效率模拟。

参考文献

[1]Platell, P. Developing Work on Ground Heat Exchangers, ECOSTOCK 2006 Thermal Energy Storage, New Jersey, 2006

[2]Platell, o. Low Temperature Energy, Statens Energiverk (Swedish National Energy Department). Report No. 656052—1, 1998

[3]Platell, P. D Schmidt, G Johannesson, Geoexchange & Low Exergy Buildings. IndoorAir, Monterey. 2002

[4]Y. Chen, P. Lundqvist, P Platell, Theoretical Research of Carbon Dioxide Power Cycle Applications in Automobile Industry to Reduce Vehicle's Fuel Consumption, Applied Thermal Engineering, 2005, 25

[5]Chen, Y. Novel Cycles Using Carbon Dioxide as Working Fluid. Licentiate Thesis, Energy Technology, KTH, Sweden, 2006

[6]Baxter, R. Director at Pearl Street, Inc. Energy Storage, The Sixth Dimension of the Electricity Value Chain

[7]Giampaolo, T. Cogeneration & On—Site Power. July—August, 2003

[8]Yaalimaddad, RAN Steam Buffer: Regenerative Thermal Energy Storage in Porous Ceramic Media. Master Science Thesis, KTH, 2001

作者单位：Peter Platell, Lowte, Tilskogsvagen 15 193 40 Sigtuna, Sweden
Dennis A. Dudzik, URS Corporation Americas, Sacramento, CA95833, USA

挪威特隆赫姆的一个碳平衡社区

A Carbon Neutral Settlement in Trondheim, Norway

Annemie WYCKMANS

翻译：王韬

[摘要] 回应全球气候变化的迫切挑战，挪威政府制订了到2030年实现碳平衡社会的目标。NTNU和SINTEF BYGGEFORSK的研究人员联合地方政府机构接受了这个挑战，在特隆赫姆尝试规划一个碳平衡住区。

这个项目的目标是通过规划和建筑设计手段，在降低碳排放的同时提升建成环境的质量。这个项目还期望通过记录和知识传播，增强地区建筑业的环境意识和技术能力，向公众展示此类项目的经济可行性，以及对不同生活方式的适应性。

项目建立在现有环境挑战下，国家和国际的已有经验和技术手段之上，并通过加入对生活方式问题的研究，以获得真正达到生态、社会和经济可持续的解决方案。

[关键词] 碳平衡住区、生活方式、资源利用、交叉学科、知识传播、建筑质量、规划

Abstract: *The core of the project, generated by a consortium of researchers and governmental institutions, is to find out how issues of lifestyle, design and technology can be combined in the built environment to facilitate a lower carbon footprint.*

Keywords: *Carbon neutral settlement, lifestyle, resource use, interdisciplinary, dissemination, architectural quality, planning*

一、背景

随着社会和媒体对于气候变化和资源利用日益重视，相关的讨论正如火如荼。无论是出于生存需要还是从道德要求出发，个人、各种团体和机构都迫切感受到实现可持续发展是全球社会的当务之急。

在建筑业，对于能源和环境友好建筑方面的专门课程、工具和指南的需求剧增。同时，也有不同观点认为，严格的资源利用政策极大地影响了房屋质量，而且最终会形成统一单调的建筑风格和技术手段的滥用。同时，还有许多实例表明精心设计的节能建筑因为使用不当而不能达到预期效果。

理想与实践之间的差异迫使我们要询问：是否有可能在降低能源消耗的同时提高建成环境的整体质量？低能耗与使用的便捷性之间是否必然存在冲突？建筑设计与规划是否真正能够降低社会的碳排放？实现这个目标的同时是否能够保持生活质量，提升建成环境水平？

2008年初，挪威政府发布了到2030年全面实现一个碳平衡社会的目标，这项政策获得了执政党派和反对党派的广泛支持。

特隆赫姆的挪威科学技术大学(NTNU)组成了一个由研究人员和政府机构组成的交叉学科小组，整合考虑建筑设计、生活方式和技术因素，在特隆赫姆尝试建立一个碳平衡住区。

这个项目的核心目标是通过研究人员与政府机构的合作，寻找一种整合生活方式、设计和技术因素的方法，以形成低碳足迹的建成环境。

项目组包括了工业生态、建筑、城市规划、各种工程和社会等学科，由挪威科技大学(NTNU)和挪威皇家科学院

(SINTEF)的研究人员组成。在项目初期，还积极寻求与政府机构的联系以保证项目的政策基础。因此，项目组成员还包括了挪威国家住宅银行和特隆赫姆市政府的代表。

二、工作范围

为达成碳平衡的目标，项目主要研究了三个方面的问题：

1.施工阶段与建筑寿命的关系，包括：建筑材料的运输及其自身携带的能量；构件设计的耐久性；节点的灵活性；平面的通用性及建筑空间的可再利用性。

2.建筑的整个使用周期，包括：能源供应系统，比如可再生能源基础上的社区供热网；减少能源消耗的措施；使用可再生能源；智能控制系统；室内环境舒适性与资源保护的结合。

3.生活方式方面，包括：形成一个短出行距离的城市；食品供应；出行与交通；私有住房与租赁住房协议；自建住宅的选择；合作社住宅模式。

针对这些问题，此前在许多国家都已经开展了不同程度的研究，在欧洲比较著名的例子有德国Freiburg的Vauban区，英国伦敦附近的Beddington零能耗发展区(BedZED)。但是，能够全面将建筑问题与碳平衡的生活方式结合研究的实例还非常少见。

特隆赫姆的碳平衡住区项目建立在技术方案、设计质量和生活方式等方面雄厚的研究基础上。本文将着重讨论一些实例，并将探讨其与特隆赫姆项目的相关性。

三、整体性方法

这个项目建立在一个整合设计的基础上，使研究人员、建筑业人员和政府机构协同工作。小组花费了大量精力来确定共同的目标，并且建立了一个工作程序使参与项目的不同学科的知识、经验和方法都能够得到充分的发挥。另外，最终使用者也被纳入到这个项目的规划、建设和评价工作中。

综合考虑生活方式和技术方案的方法体现在以下方面：

1."最佳经验值"方案：使用现有技术手段，与低碳生活方式结合，以获得有竞争力的价格。

2.开展试验性项目和研究：测试新的解决方案，以及创新性的技术与生活方式的整合，最终形成新的概念。

同时，整个住区将被细分为数个场地，在一个统一的总体规划指导下，由不同的设计小组进行设计。不同的设计将形成不同的建筑形象、构造和平面，以更大程度地吸引不同需求的使用者，并且保证整个住区视觉环境的多样性。

项目所寻找的生态、人文和经济尺度的解决方案将不仅仅服务于研究；这个项目还致力于记录和向建筑界的各个领域传播知识、能力和经验。我们希望这个项目的一系列成果将促成可持续建筑领域的"范式革命"——从以往局限于少数人的知识，转变为服务于范围更广的大众。

四、规划过程

项目的主要目标是在特隆赫姆建成一个不向大气排放碳的住区。这包括许多方面的内容，例如：能源和材料使用、食物供应、垃圾处理及其他生活内容、社区结构和交通系统。

这是一次跨越传统学科领域划分的挑战，平衡以上各个方面的要求以形成一个整体解决方案。这需要研究机构、政府部门和建筑行业长期持续的合作与交流，来实现一个生态的、社会的和经济的可持续项目。

项目的指导委员会有NTNU和SINTEF的研究人员、特隆赫姆市政府的代表和挪威国家住宅银行的代表。此外，研究和实践领域的许多专家组成了一个更大规模的咨询委员会，以保证项目具有最广泛的基础和实用性。

1.NTNU

挪威科学技术大学从项目的初期就开始介入，其中包括一个有政府代表、挪威和国际的研究人员和建筑业的专家参加的、为期两天的研讨会。

在规划阶段，学校还同时组织了相关课程以探讨项目的不同方面和各个阶段——实际上如同一个酝酿新概念和创新解决方案的实验室，不同院系不同年级的学生将一起参与发展和分析大量的设计可能性。同时，此项目的研究人员和专家也将参加课程。这样，大学内形成了一个包括项目参与者、学生和教师的学习环境，项目也由此成为了一个教育平台。

2.SINTEF BYGGEFORSK

SINTEF BYGGEFORSK是一个和NTNU有着密切联系的研究机构，在能源利用和供应、建筑质量、住宅和环境问题等方面都有大量的经验积累。其参与过许多地方、国家和国际级别的实际案例研究，包括欧盟的欧洲生态城市项目。

3.特隆赫姆市政府

特隆赫姆市政府从一开始就参与项目会议，并且也成为了委员会的成员。这样，对于碳平衡社区的研究可以与地方规划和法规框架很好地结合起来。比如，市政府表达出了对有社会影响的住宅问题的强烈关注。绝大多数的住宅都必须满足“通用化设计”的原则，即可以满足不同人群的使用要求。此外，还应该满足那些不能进入住房市场的特殊人群的需求。虽然这个项目的主要目的是展示碳平衡住区的潜力，但是项目的社会责任也是非常重要的。

4.挪威国家住宅银行

同样，政府其他机构也在项目的初期开始介入，并且为项目提供了启动经费。

挪威国家住宅银行是挪威议会、挪威政府和地方政府与区域发展部实现挪威住宅政策目标的主要工具。它主要关注的领域有：社会住房、能源与环境问题、通用设计、地方建筑传统和土地开发。

五、工作计划：整合科技与生活方式

碳平衡住区的设计不仅是一个科技与材料的使用问题，同时也包含生活方式、住宅类型、交通与出行方式。其提供生活、工作、购物、教育和休闲等活动的社区基础，是一个能够促使生活其中的人降低碳排放的社区。

对于社会过程和生活方式的深入了解可以引导和促进科技、能源供应系统和地区规划等领域的发展，从而更好地服务于实现碳平衡住区的目标。

1.垃圾焚烧

挪威本来就有数座垃圾处理厂通过燃烧垃圾来为地区供热网提供能源。这样做避免了填埋垃圾，并且可以为大型居住区提供一种可回收的能源形式，减少对于其他类型能源的需求。

另一方面，我们还应该提倡全社会减少能源消耗，选择使用包装最少的产品，尽可能地回收和循环使用。但是，另一方面，如果社会产生的垃圾量减少，这些垃圾焚烧工厂就会变得不经济——将垃圾集中到工厂的运输费用将会增加，最终这种能源将由于价格昂贵被污染力更强的能源方式所取代。

2.能源的供应和使用

在过去几年里，已经发展出了更为灵活有效的能源供应系统。公共和私人研究机构正在研究最佳的建筑能源解决方案，比如：本地生产的热力和电力；热电联产方式；生物能和太阳能供应系统的分散化和商业化。

为了更好地发展和使用地区能源供应系统，我们需要进一步获得关于现代低能耗被动式房屋的知识：热水、房间共热和电力的负荷是如何分配的？如何解决峰值需求？如何发展更为智能的能源使用控制与通讯系统？

随着碳平衡住区的发展，此类的研究可以在测算的基础上获得第一手的现场数据。通过这样，研究、技术开发和生活方式之间的相互作用将形成一个良好的循环。

3.居民自建

另外一个重要的因素是如何使房屋的最终使用者积极参与整个过程。如何组织居民参与以获得良好效果？同时，居民参与是否会有相反的副作用？

来自居民自建项目的经验表明，使用者的参与和低能耗设计之间有着密切而积极的相互关系，这已经被Reinig对德国汉堡地区自建活动长达二十年的研究所证明。

在过去二十年间，自建活动在汉堡100多个住宅项目中起到了至关重要的作用。在此类住宅项目中，尽管投资额有限，但是低能耗措施是被一致接受的。很显然，这是因为房屋的开发者就是其最终使用者。因此，他们会优先考虑“太阳能板而不是大理石，雨水收集而不是豪华厨房，社区中心而不是地下车库”。

从这个角度看，居民自建会成为可持续建筑实践和创新的驱动力源泉。事实上，汉堡大多数的自建项目是低能耗住宅或者被动式住宅。例如，在这些项目中，成功的中水利用和雨水收集系统将日均水消耗量减少了50%。

4.无车住区

避免或减少使用汽车是碳平衡住区的一个重要方面。但是，没有汽车并不一定意味着低的碳排放水平。例如，频繁的飞机旅行所产生的碳排放远远高于汽车。

Ornetzeder等在奥地利维也纳深入研究了一个无车社区居民的可持续生活方式。入住这个社区的居民主动放弃了拥有和使用汽车的权力，但是可以参加一个汽车共享活动。这个研究的目的是证明生活方式和家庭结构对于环境有着直接的影响。

Ornetzeder等得出以下结论，“和其他社区相比，无车社区有着很低的户均、人均和每货币单位碳排放量”。但是，他们补充，“来自无车社区的居民在航空旅行、食物摄取和其他消费领域产生的碳排放却要高于平均水平，这也反映了他们更高的人均收入。其结果是，他们的二氧化碳排放仅仅稍低于其他社区，但是排放强度要低20%”。

在此基础上，作者提出使用进一步的规划和设计手段来保证无车社区的效果，例如：提供自行车停车和修理服务；大量的公共空间与设施；社区内的休闲空间；阳光充足的房间；无噪声污染；良好的户型设计；循环利用；以及购买有机食品和低动物脂肪食品。

5.短出行距离的城市

如同前面所说，规划一个碳平衡社区需要的不仅仅是住宅本身，一个良好的邻里需要规划交往空间、休闲空间、工作机会、临近的学校和幼儿园，甚至当地提供的食物和其他消费品。简言之，需要一个出行距离最短的城市。

一个无车社区只有在居民没有汽车的时候不会感到不便才会成功，也就是说居民不需要被迫过多地改变他们的生活方式。良好的可达性是非常关键的，如同Gaffron等研究证明：要提供直接的、无障碍的步行和自行车路线，同时建立公共交通路线。

他们还建议一个“由步行路和自行车路形成主要交通网络的街坊，以最短路线联结到主要目标地。比如学生通常步行或骑车上学，这是因为学校就在附近并且步行很安全。将住宅与主要功能和服务通过步行和自行车系统相连，将形成一个不同于一般设计的、鼓励步行和自行车的结构。因此，设计的原则就是自行车优先和限制汽车速度”。

六、文献记录与知识传播

特隆赫姆碳平衡住区的规划、建设和运营将被完整地记录下来，以评价和进一步改进其中所采用的技术方法。记录还包括了项目的碳排放量、使用者的满意度和建设与运营费用，目的是考验目前的“最佳经验”，以发展未来新的技术。

此外，项目组还希望引起地方建筑业重视、增强其技术能力。完整地记录和传播这个项目的经验将有助于提升建筑业的技术水平，以应对来自环境的挑战，做出更好的回应。同时，地区建筑企业也从不同方面参与了项目，从而使参与各方都能相互学习和提高。

项目各方还期望可以激发建筑业和公众重新思考现有的对于低能耗和被动式住宅的观念和态度。这个项目的成果将展示此类住宅的经济可行性，而且这种房屋可以适用于每一种不同的生活方式——包括那些并不认为自己很“绿色”的使用者。

为达成以上目标，我们将开发一个信息包，包括以下内容：

1.碳平衡的住宅艺术，包括：建筑技术、生活方式、交通和食物供应，还包括对现有项目的案例研究。

2.学到的经验：碳平衡住区项目的规划、建设和运营中会出现哪些难点和机遇，如何充分利用它们？

3.碳平衡住区的质量和环境方法，其服务对象是建设环节中的不同决策者，如业主、政府、发展商、建筑师、咨询顾问和最终使用者。

4.关键措施清单，帮助政策制定者建立一个长远的发展框架。

项目委员会成员

1.Stig Larssæther：project co-ordinator，NTNU，Faculty of Arts

2.Eli Støa & Annemie Wyckmans：NTNU，Faculty of Architecture and Fine Arts

3.Edgar Hertwich & Helge Brattebø：NTNU，Faculty of Engineering Science and Technology

4.Thomas Berker：NTNU，Faculty of Arts

5.Randi Narvestad & Tore Wigenstad：SINTEF Byggforsk

6.Eli Brandrud & Hans-Einar Lundli：Trondheim Municipality

7.Inger Marie Holst & Gry Kongsli：The Norwegian State Housing Bank

参考文献

[1] Working documents by the Board Committee

[2] NTNU. http://www.ntnu.no

[3] SINTEF Byggforsk. http://www.sintef.no

[4] The Norwegian State Housing Bank. http://www.husbanken.no

[5] Trondheim municipality. http://www.trondheim.kommune.no

[6] Aarvig, S. Kan forhindre kraftunderskudd. http://www.forskning.no. In Norwegian, 2008, 1

[7] BedZED project. http://www.bioregional.com

[8] ECO-City. http://www.ecocity-project.eu. http://www.concertoplus.eu

[9] Gaffron et al. (ed.). ECO-City Book 1. A better place to live. http://www.ecocityprojects.net

[10] Le Muzic, S. Material-og miljøbevissthet - intervju med Nina Frøstrup og Elin Vatn, ACINU AS. Arkitektur N. Vol. 4. In Norwegian. 51～55

[11] Nordby, A.S, Berge, B. & Hestnes, A.G. Reusability of massive wood components. Sustainable Building 07 in Lisboa, Portugal: Sustainable Construction, Materials and Practices; 12.09.2007～14.09.2007. Braganca, L. et al. (eds.). Portugal SB07. Sustainable Construction, Materials and Practices - Challenge of the Industry for the New Millennium. 600～606

[12] Ornetzeder, M, Hertwich, E.G, Hubacek, K, Korytarova, K, & Haas, W. The environmental effect of car-free housing: A case in Vienna. Ecological Economics. In Press, Corrected Proof. Doi:10.1016/j.ecolecon.2007.7.22.

[13] Reinig, J. Self-build projects and sustainable architecture. http://www.plan-r.net

[14] Vauban project. http://www.vauban.de

作者单位：挪威科学技术大学建筑与艺术学院

伦敦绿带：目标演变与相关政策

The Greenbelt of London: the Evolvement of Goals and Related Policies

杨小鹏 刘 健 *Yang Xiaopeng and Liu Jian*

[摘要]伦敦绿带是城市空间结构中的重要组成部分，在整个区域的可持续发展策略中扮演着重要角色。本文首先简要回顾了伦敦绿带政策的发展历程，从中可以看出其政策目标具有多元性的特征，而这些目标在不同时代的重视程度有所不同。在此基础上，笔者对作用于伦敦绿带的相关政策进行了总结，指出这些政策对于伦敦绿带多元目标的实现起到了重要而积极的作用。

[关键词]伦敦绿带、目标演变、相关政策

Abstract: *Greenbelt is one of the critical components in London's urban spatial structure, and plays an important role in the sustainable development strategy of the area. The article reviews the history of the greenbelt policy of London and the multi-faceted goals - with different priorities in different age. Based on the analyses, the author summarizes related policies on the greenbelt of London and points out how these policies facilitate the realization of the goals attached to the greenbelt.*

Keywords: *greenbelt of London, evolvement of goals, related policies*

前言

伦敦绿带正式出现于1942～1944年艾比克隆比主持编制的大伦敦规划。方案在距伦敦中心半径约为48km的范围内，由内到外划分了四层地域环：内城环、近郊环、绿带环和外层农业环。其规划的中心思想就是通过"绿带"限制主城区的无限扩张，通过发展城市远郊区的新城来分散中心城市的人口和开发压力。此后伦敦绿带得以稳定地实施，至今规模已经达到5137.7km^2，绿带最宽处约有35km。同时，绿带中的建设大多为相容性建设，绿带中新开发建设活动的增长速度远远低于绿带面积的扩展速度，在控制城市蔓延和保护乡村环境方面都发挥了重要的作用。

回顾伦敦绿带的发展过程可以发现，绿带政策具有多重目标，而且侧重点也在不断变化。事实上，这些多元目标的实现并不是依靠单一的绿带政策，在伦敦周边的土地开发控制方面还有一些其他的政策工具，其作用范围与绿带在空间上重叠，它们共同形成一个完整的政策体系，在实现绿带多元目标、促进区域可持续发展的过程中发挥着重要而积极的作用。

一、伦敦绿带的目标重点演变

对于伦敦绿带目标演变的分析可以以二战期间的大伦敦规划为界，分为二战前的理论探索和二战后的实施演变两个阶段。

1.二战前的早期探索——从环境考虑到城市用地扩张控制

伦敦绿带的规划设想可以追溯到16世纪。1580年，英国女王伊丽莎白发布公告，在伦敦周边设置一条3km宽的隔离地区，以阻止瘟疫和传染病的蔓延，该区域禁止任何新建房屋的计划[1]。而在18～19世纪，许多欧洲城市都推倒城墙，并对以往城墙所在区域进行绿化，以提供散步和休闲的空间[2]。1826年约翰·克劳德斯·鲁顿(John Claudius Loudon)编制的伦敦规划提出在城乡结合部地区保护农田和森林，为城市提供新鲜的氧气，保护城市环境的设想[3]。1890年密斯(Lord Meath)提议在伦敦郡的外围设置环状绿带(Green Circle)，通过林荫大道把郊区公园和开放空间联系起来。然而他们修建绿带建议的主要目的，只是为了给城市提供一些优美的景观和休闲娱乐场所，还没有意识到将绿带作为一种规划政策来引导城市空间的发展。

1898年，霍华德出版了《明日：一条通往真正改革的和平道路》，由此形成的田园城市理论成为现代城市规划中绿带政策的理论滥觞。霍华德将绿带作为一种控制城市用地无限扩张的工具引入到现代城市规划的理论与实践之中。他认为城市的规模应该是有所限制的，当城市的规模超过一定程度时，就应该新建另一个城市来容纳人口的增长。而城市规模的控制，以及城市与乡村的结合需要在城市的周围保留永久性的农业用地作为防止城市无限扩大的手段。

1927年大伦敦区域规划委员会成立，并在1929年成立专门的分支机构探讨伦敦的疏解、开放空间以及建立环绕伦敦的永久性农业带的可能。霍华德田园城市理论的追随者恩温作为委员会的顾问主持了两个从区域层面考虑开放空间问题的重要报告[4]，并在1933年的第二个报告中提出了伦敦绿带(Green Girdle)的规划方案。按照恩温的设想，伦敦绿带宽3～4km，呈环状围绕在城区，用地包括公园、运动场、自然保护地、滨水区、果园、墓地、苗圃等。恩温认为城市规划不能脱离城市所在的区域独立进行，而绿带不仅是城区的隔离带和休闲用地，还应是实现城市结构合理化的基本要素之一。

1935年，大伦敦区域规划委员会发表了第一份修建绿带的政府建议，提出在伦敦郊外"建立一个为公共开敞空间和游憩用地提供保护支持的绿带或环状开敞地带"，提出了在城市周边建立绿带的构想。1938年，英国议会通过了"绿带法案"，该法案试图通过国家购买伦敦城市外围的农用土地来保护农村不受城市膨胀的侵害。

2.二战后的发展演变——从城市用地扩张控制到多元目标并重

经历过二战的洗礼之后，英国政府认为繁荣的农业不仅具有重要的经济战略意义，同时也是保护乡村的最好途径。为实现这一整体战略目标，绿带限制城市蔓延、保护农田不受城市开发侵蚀的作用越来越受到重视。

1946年城乡规划部正式批准了艾比克隆比的大伦敦规划方案，随后1947年颁布的《城乡规划法》将土地的"开发权"国有化，为绿带实施提供了制度上的保证。该法确定了几乎所有的土地开发活动都必须在获得政府颁发的规划许可后才能进行，这使得规划部门有权来控制绿带中的各类建设，避免绿地受到破坏，同时该法也规定了地方发展规划中应该包括绿带规划的内容。因此，直到大伦敦规划和《城乡规划法》颁布之后，伦敦绿带才真正有条件进行实施。

1955年房屋和地方政府部(MHLG)部长Duncan Sandys发布了对于英国绿带政策具有历史意义的第42号通告(Circular 42/55)，要求有关地方当局在其发展规划中要编制绿带规划的内容，并指出只要条件合适，就应该建立绿带，以阻止绿带内建成区的进一步扩张，防止邻近城镇连成一片，同时保存各镇的特色。

1961年，英国房屋大臣对绿带的重要作用进行了总结——绿带也许并不都是绿色，也许并不都景色优美，但关键在于绿带是一个限制器，它保护了城市周边地带，如果没有绿环，城市蔓延不会停止。其后的1968年修订的《城市规划法》提出实施两层次规划体系(结构规划和地方规划)，规划权力重心转移到最基层的伦敦自治市[5]，使得绿带建设实践出现了戏剧性的变化。各自治市纷纷要求扩大绿带的面积，结果绿带面积不断扩大。

到20世纪80年代后期，随着农业取得了巨大成就和过剩农产品的出现，以及公众对环境保护和休闲的需求愈发高涨，引发了英国乡村保护政策目标的转移。英国政府1986年的农业法要求农业部门在农业利益与更为广阔的环境利益之间进行平衡，并对保护和提高自然美景及宜人的乡村环境方面给予更多关注，同时推动社会公众对乡村环境的享受。1994年，英国政府发表了题为《可持续发展：英国的战略》(Sustainable Development：The UK Strategy)的报告，指出应当以最可持续的城市形态来促进城市增长，并进而提出了建设紧凑型城市的建议。而在城市周边设立绿带则是建设紧凑型城市、限制城市无限度扩张的有效手段。在此背景之下，英国政府在1995年对1988年首次颁布的绿带规划政策指引(Plan Policy Guidance Note 2：Green belt，简称PPG2)进行了修订。该指引对设定绿带的目标以及绿带内土地功能内容进行了新的定位。绿带的设定目标包括5个方面：(1)阻止大规模建成区的无限制蔓延；(2)

防止相邻的城镇连成一片；(3)保护乡村地带不受蚕食；(4)保护历史名镇的布局和特色；(5)鼓励循环再用废弃地和其他城市土地以促进城市再生。绿带内的土地功能包括6方面：(1)提供城市人口进入开敞乡村地带的机会；(2)在城区附近提供室外运动和娱乐的机会；(3)保留居住区域附近的优美风景，增强景观效果；(4)改善城郊危险和荒废地区的土地状况；(5)保障自然保护区的利益；(6)为农林业和其他相关用途保留余地。

不同时期关于伦敦绿带建设目标的表述　　表1

时间	提出者(文件)	对绿带目标的观点
1826年	约翰·克劳德斯·鲁顿的伦敦规划	在城乡结合部地区保护农田和森林，为城市提供新鲜的氧气，保护城市环境
1898年	霍华德的田园城市理论	在城市的周围保留永久性的农业用地，作为防止城市无限扩大的手段
1935年	大伦敦区域规划委员会	建立一个为公众开敞空间和游憩用地提供保护支持的绿环或环状开敞地带
1955年	房屋和地方政府部发布的《42号通告》	阻止绿带内建成区的进一步扩张，防止邻近几个城镇连成一片，同时保存各镇的特色
1961年	房屋和地方政府部部长	绿带也许并不都是绿色，也许并不都景色优美，但关键在于绿带是一个限制器，它保护了城市周边地带，如果没有绿带，城市蔓延则不会停止
1989年	乡村委员会	绿带的作用应该更为广泛，应有助于增强乡村的自然美景，为人们的休闲娱乐提供空间
1994年	英国政府《可持续发展:英国的战略》	在城市周边设立绿带是建设紧凑型城市、限制城市无限度扩张的有效手段
1995年	英国政府《规划政策指引》	设立绿带的主要目标： (1)阻止大规模建成区的无限制蔓延； (2)防止相邻的城镇连成一片； (3)保护乡村地带不受蚕食； (4)保护历史名镇的布局和特色； (5)鼓励循环再用废弃地，促进城市再生。 绿带内的土地功能： (1)提供城市人口进入开敞乡村地带的机会； (2)在城区附近提供室外运动和娱乐的机会； (3)保留居住区域附近的优美风景，增强景观效果； (4)改善城郊危险和荒废地区的土地状况； (5)保障自然保护区的利益； (6)为农林业和其他相关用途保留余地。

资料来源：根据相关资料整理自绘

由以上对英国绿带政策的发展演进的回顾可以看出，伦敦绿带的设立目标是不断演变的：绿带建设的最早设想是出于对休闲场所可达性和环境卫生的考虑；其后发展成为一种规划控制工具，用以限定特定城市的蔓延扩张，并为农业生产安全服务；而目前则发展成为城市可持续发展的重要策略之一，具有阻止城市蔓延、改善土地质量、保护乡村地区的生态环境和景观特色，提供公众可达参与的开放空间等混合功能。从这个演变过程可以看出，在城市发展的不同阶段，绿带被赋予了不同的目标，而这些目标不断叠加、保留，构成目前多元化的目标体系，更加追求在社会、经济、环境方面的综合效益。在实施过程中，这种综合效益与多元目标的实现，依靠的是一系列的政策，而不仅仅是绿带政策本身。

二、作用于伦敦绿带的相关政策

事实上，早在20世纪60年代末期，在伦敦已划定确认的2191km^{2}的绿带范围内，就有超过647.5km^{2}的范围不仅受绿带政策作用，同时还有其他的法定政策的影响。这些不同的政策作用于绿带内的不同区域，而且往往相互重叠，在实现绿带多元目标的同时，也将多个机构、组织纳入到绿带实施与保护的体系之中。

这些政策主要包括：绿带，具有极大景观、科学和历史价值的区域[6](Area of Great Landscape Value)，自然美景突出的区域(Area of Outstanding Natural Beauty)，树木保护令和森林贡献盟约(Tree Preservation Order and Forestry Dedication Covenant)，建工部(Ministry of Works)划定的历史遗迹(Monuments of Archaeological or Historical Interest list by the Ministry of Works)，以及具有科学价值的土地(Land of Scientific Interest)。

1.绿带政策——国家规划体系下对土地开发的控制

在英国，绿带政策在中央政府层面通过建立法律框架和政策指引来进行总体指导，然后通过下级的结构规划和地方规划予以执行，是一个典型的自上而下的过程。在这个规划体系之下，绿带内部的土地开发受到严格的控制。1995年《规划政策指引》指出，"禁止任何对绿带建设不利的开发，除非极为特殊的情况。"由此可见，并不是绿带内部禁止一切开发，经地方政府批准的无损绿带的开发可以在规划部门的严格控制下进行。

所有绿带内的开发建设都是以不破坏绿带的持久性和开敞性为前提的，同时还不得破坏绿带的视觉景观。根据该政策指引，在绿带的开敞地带允许适当的开发活动进行。具体包括以下几个方面：

伦敦绿带对不同类型建设的开发控制　表2

类型	条件
允许新建的范围	1.农业、林业； 2.户外公共运动、娱乐区、公墓或其他不影响绿带开敞用途的基础设施，例如供户外活动者使用的桌椅或简易食宿用房等； 3.现存居住区的限制性扩建、变更和置换，前提是改变的范围和程度不会造成居住区的大比例增加，并且在当地政府的相关制度限定之内，一般不允许超过原有建筑的高度； 4.既存村庄的适当加建以及地方规划允许的当地经济住房供给； 5.地方规划允许的建成区的重建和加建等。
既存建筑的再利用	1.对既存建筑的改造性再利用，不应影响绿带的开敞性； 2.对既存建筑周边用地的改造性再利用，尤其是对室外堆场、停车场、围墙篱笆等大面积的外部空间的改造，不应影响绿带的开敞性； 3.建筑物坚固耐久，无须进行大规模的重建和整修； 4.旧建筑的改造在形式和体型上应与环境协调，建议尽量采用当地的建筑风格和材料，一般不允许超过原有建筑的高度。
矿产业	在达到相关环境保护指标的情况下，允许在绿带内进行采矿和矿物提炼，但用于矿业的场地必须可以在将来被恢复。
适当的停车和交通区域	根据2001年3月发表的《规划政策指引》第十三部分关于交通（Planning Policy Guidance 13:Transport）的论述，在一些具体案例中，绿带内也允许设立必要的城市停车和交通区域。

资料来源：根据1995年英国规划政策指南中关于绿带的部分(PPG2：Green belt)整理自绘

在实施中，绿带政策对整个伦敦绿带范围内土地开发行为的控制方面取得了不错的效果，但在景观环境的保护方面却受到质疑。1988年亚当斯·密斯学院的一份研究就认为绿带政策在环境和景观保护方面比较消极，某些绿带内的土地都是“贫瘠的或难以到达的荒地”或者“劣质的、维护糟糕的农地”。同时，他们认为绿带为城市居民在城市边缘提供可到达的开放乡野空间用于休闲的目标也没有完全达到[7]。事实上希望绿带一个政策满足所有目标是不切实际的，在完成其主要目标的同时，多元目标的实现更多地是依托其他专门政策的支持。

2.具有极大景观价值的区域——地方政府层级的环境保护工具

依据1947年《城乡规划法》的规定，1948年中央政府授权地方政府在其开发规划中划定这种类型受保护的土地。考虑到“极大的景观价值”本身就是一个比较概念化的名词，同时又注定带有对开发进行限制的作用，负责规划的大臣认为其划定的具体范围以及可能的限制方式必然引起公众的评判兴趣，所以建议规划部门在发展规划中，只将能够获得公众广泛接受度的土地划为“具有极大景观价值的区域”，并且在其文字说明中对拒绝什么类型的建设，以及对允许建设的外部形态应该给予哪些特别的关注进行解释。同时，规划大臣还要求如果有跨行政区的这种区域，行政区之间应相互沟通咨询，以形成统一的控制政策。然而在其后各地方当局提交的发展规划中，“具有极大景观价值的区域”的面积范围仍然超过了预期。而且，很多区域的边界恰恰停止在了行政区划的边界，而对于建设的具体限制各个区之间也存在不同。伦敦周边的绿带，有相当多的部分划定在了“具有极大景观价值的区域”，有些地方，如Dartford的南部，所有绿带都被划入其中。这些区域对于绿带起到了辅助的作用，但同时也暴露出了一个问题，那就是在缺乏自上而下和邻近行政区之间统筹沟通的情况下，国家制定土地利用政策的初衷与地方具体实施方式及结果会产生不一致，甚至矛盾。

3.自然美景突出的区域——国家公园运动的产物

它们扮演着与“具有极大景观价值的区域”非常相似的角色，但是它们的缘起、划定区域的方式，以及在一定程度上控制的方法都有所区别，因而其作用的区域也不是完全一致。

“自然美景突出的区域”是国家公园运动的产物，这场运动导致了1949年《国家公园与乡村接近法》(National Parks and Access to the Countryside Act)的颁布。在该法案颁布后，成立的国家公园委员会(National Parks Commission)担负着两个重要职能：一是鼓励和推动国家公园内的户外休闲和科学研究设施的建设；二是对整个乡村，尤其是其制定的国家公园和“自然风景突出的区域”进行监护。英格兰与威尔士的国家公园多划定在人口密度较低的偏远地带，与绿带直接重叠的范围较小，但“自然美景突出的区域”不同，其中有两片较大的区域与伦敦确定的绿带范围重叠，分别位于伦敦的西北部和南部。

其中西北部的Chilterns区面积达800.31km²，它延伸到已确定的绿带范围之内，协助绿带阻止周边城镇如Chesham、Chorleywood的蔓延发展。

"自然风景突出的区域"可以被看作是等级较低的国家公园，这些区域由于某些原因没有划入国家公园的范围之内，但国家公园委员会认为对于这些具有吸引力的乡村保护要给予特别的关注。它们的划定方式与国家公园类似，都是由国家公园委员会在咨询地方当局之后，提交负责规划事务的政府大臣批准确认。但在管理机构上有所不同，它由地方公园委员会负责，委员会的三分之一成员由国家公园委员提名，并经负责规划的大臣确定。在规划管理上由地方规划部门按正常的规划管理机制负责，但在如何保护乡村风景方面，地方当局有义务向国家公园委员会进行咨询，听取意见。

大部分"自然风景突出的区域"比国家公园的面积小很多，它提供的是防止不协调开发对自然环境破坏的一种方法，其实施效果很大程度上取决于地方当局的兴趣与行动。但相比起"具有极大景观价值的区域"，不同地方当局的实施政策更为协调一致，因为在对地方发展规划进行调整时，地方当局必须要征求国家公园委员会的意见。

4.树木保护令与森林贡献盟约——地方政府与专门机构对林地树木的保护

林地比其他的使用性质的土地更容易受到特殊的保护。树木的保护有两种基本方式。一种是地方规划当局的直接行动，他们出于保护宜人环境的考虑可以针对一片树林或一棵树颁布树木保护令(Tree Preservation Order)。第二种是由森林委员会(Forestry Commission)介入，同林地所有者签订森林贡献盟约(Forestry Dedication Covenant)。森林委员会提供金融上的补助，作为回报，林地所有者以委员会认可的方式种植和保护树木。这种盟约虽然在特定情况下也可以退出，但一般会绑定给未来的土地所有者。

虽然在绿带范围内受保护的林地面积较以上讨论过的保护方式面积要小一些，但是其数量上的优势弥补了面积的不足。两种不同的树木保护方式散布于伦敦绿带的各个方向。其中有两个因素决定了伦敦绿带内的受保护的林地分布：一是自然地理的因素，由于土壤、基础、高度、坡度等原因，那些不适宜发展农业，也没有用于城市建设开发的土地保留了大量树木；二是历史的原因，这些林地是景观园林整体的一部分，所以受保护的这些林地往往与已经景观化的土地有关，如各种公园。这些林地对于绿带最重要的贡献在于视觉方面，在美化周边自然环境的同时，也屏蔽掉了一些不协调的开发建设。

5.历史遗迹保护——中央政府部门的专项管理

绿带内还有少量的土地受到中央政府的建工部管理。该部有权利确定具有历史价值的重要遗迹，没有他们的同意，这些地方不能进行任何的开发或改变。在一定程度上，这种权利与地方当局有所重叠，因为他们也可以保护具有历史价值的区域。但建工部拥有和使用该项权利具有更长久的历史，在控制土地开发方面也有更大的影响。划定为历史遗迹的小块区域分布于绿带内的各处，它们对其控制范围内的环境变化进行限制，如St.Albans的西向扩展就由于Verulamium罗马遗迹的存在而受到限制并进行了调整。

6.具有科学价值的土地——官方机构的专项管理

自然保护委员会(Nature Conservancy)是一个在1949年3月成立的官方机构，其主要职能包括：对整个英国的自然动植物群落的保护与管理提供科学建议；建立和管理自然保护区，并对其空间环境特征进行保护；推动有关自然保护的研究工作。在1949年底《国家公园与乡村接近法》通过后，该委员会获得了更大的权力，包括对地方规划部门通报哪些地块具有动物学、植物学、地质学或地形学的特殊科学价值。在伦敦绿带内没有大的自然保护区与其重叠，但"具有特殊科学重要性的地块"大量存在。地方规划当局对与之相关的开发必须向自然保护委员会进行咨询，因为依据委员会的说法，这些地块在未来可能会划定为自然保护区。

理论上讲，由自然保护委员会划定的"具有科学价值的地块"与地方政府划定的"V-LAND"中具有科学价值的区域会有一定的重叠。但实际操作中，地方规划部门很少提出具有科学价值的保护区域，自然保护委员会担负着划定这类区域的主要责任。在伦敦的绿带中，这种地块主要集中在林地和河流及其周边地区。

三、结语

从以上的总结分析中可以看出，伦敦绿带已经发展成为区域可持续发展的重要策略之一，在改善土地质量、保护农村土地与环境以及阻止城市蔓延与扩张等方面有着多元化的目标诉求。在实施过程中，不同层级的政府、机构与组织构成了多元化的实施主体，它们所出台的政策、措施共同形成了一套完整的实施体系，确保了绿带多元目标的实现。

我国正处于加速城市化阶段，一些城市已经开始采取了类似绿带的规划政策[8]。笔者认为，现阶段的中国，有必要借鉴已有200多年城市化历史的发达国家的经验教训，打破以城市发展为主的发展观念和思路，将绿带政策的制定与实施提高到区域可持续发展的战略高度，减少城市化进程中对生态环境的破坏和不必要的资源浪费，促进城乡统筹发展。

参考文献

[1]Adam Smith Institute. The Green Quadratic. 1988

[2]Barry Cullingworth, Vincent Nadin. Town and Country Planning in the UK. 14th edition. Routledge. 2006

[3]David Thomas. London′s Green Belt. Faber and Faber Limited. 1970

[4]Environment Department U.K. Planning Policy Guidance 2: Green belts. 1995

[5]Manfred Kuhn. Greenbelt and Green Heart: separating and integrating landscape in European city regions. Landscape and Urban Planning. 2003(64)

[6]P.Hamson. The Green Belt Saga. Radlett Green Belt Society issued. 1969

[7]Sustainable Development: The UK Strategy. 1994

注释

1.David Thomas. London′s Green Belt. Faber and Faber Limited. 1970

2.Manfred Kuhn. Greenbelt and Green Heart: separating and integrating landscape in European city regions. Landscape and Urban Planning. 2003(64)

3.P.Hamson. The Green Belt Saga. Radlett Green Belt Society issued. 1969

4.Interim report on open spaces(London,1931). Second report. Greater London Regional Planning Committee, London, 1933

5.大伦敦包括伦敦城和32个伦敦自治市

6.地方政府具有划定这种区域的权利。除极大景观价值外，还有极大科学和历史价值区域，这些区域在开发规划的土地利用图纸上统一以“V-LAND”进行标注。在实际实施中，“具有极大景观价值的区域”被地方政府应用得最多，所以本文只对这种政策区域进行探讨。

7.Adam Smith Institute. The Green Quadratic. 1988.

8.北京在1958年的总体规划中就形成了“绿化隔离地区”的概念，2002年又编制了《第二道绿化隔离地区规划》；上海在1994年编制了《上海市城市环城绿带总体结构规划》；广东省在2003年出台了《广东省环城绿带规划指引(试行)》。

作者单位：清华大学建筑学院

Georgernes Verft，挪威

Georgernes Verft, Norway

项目地点：挪威

设 计 师：Rambøll as (Design)，Kalve og Smedsvig AS (Design)

监　　理：Georgernes Verft 4A

工程类型：居住区

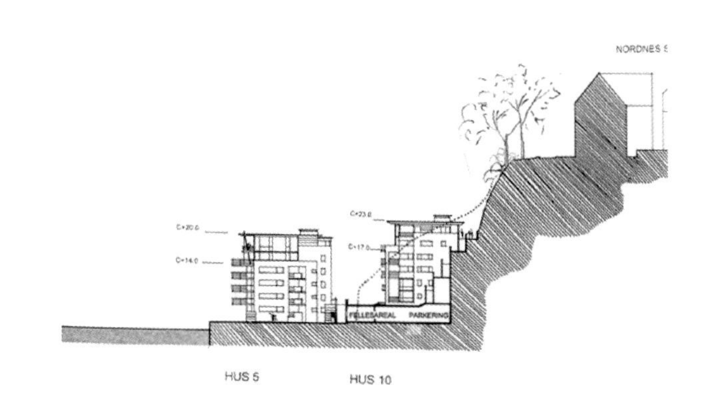

一个位于旧造船厂基址上的住宅综合体，配有利用海水的热泵系统，具有高品质的外部空间和其他环境特色。

一、主要经济技术指标

建筑总造价：251 000 000挪威克朗（约326 000 000元人民币），即每平方米建筑造价12 514挪威克朗。包括赋税和户外空间造价（有部分补助），但不包括修建到达该地区的公路造价。

总建筑面积：20 000m^2，33m^2/人，包括公共空间。

能源消耗：205kWh/m^2/年（经温度折算）。其中155kWh外部购买，其余部分由建筑自身热泵系统提供。

能源来源：从海湾取热的热泵，配有燃油/电力锅炉作为补充。

二、项目介绍

该住宅综合体位于卑尔根市中心一处造船厂的旧址。住宅均为4～6层，共10个街区，有地下车库。其151套公寓的平均面积是90m^2。公寓面积大小不一从而满足不同居民的需求。场地在码头附近，紧邻陡峭的岩石。场地的特殊条件和设计理念产生了多样的建筑布局，这也为建筑提供了观赏大海和公园的良好视野。

户外空间包括广场、庭院，一个连接该住宅项目和Nordnes公园的码头步道。这些户外区域在设计中被赋予了公共特性，同时又为公共和私人区域创造了清晰的界限。

Georgernes Verft项目成功地把一个废弃的船舶厂转变为具有高品质建筑和户外空间的住宅区，并因此获得了2002年度挪威的住区规划奖（Housing and Planning Award）。该奖项也肯定了Georgernes Verft对能源节约、资源利用方面的贡献。在2003年，该项目又获得了来自挪威住宅合作总社（NBBL）的奖励。

三、环保策略

以消费者为本的绿色环境策略被采纳，它们在提供高品质生活的同时节省了花费。

1.能源消费的降低

311kW的海水热泵系统提供三方面的热源，而一个电/油驱动的锅炉作为该系统的补充。热量被用来给室内供暖、加热水和新风预热。供暖方式为地板采暖和散热器采暖。所有的卫生间和起居室都配备了地板采暖设备，其他的房间设有散热器，并分户计量。

供热的预设温度是白天21℃，夜晚18℃。住户可以自行调节温度，每一户用来采暖、热水和用电的耗能都可以独立计算。

外窗（氩气，U=1.1）采用的覆膜材料可以减少65%的

辐射。出于维护及采光等方面的考虑选用了遮阳型玻璃；现代覆膜材料对于透射光的削减很少，几乎与无膜玻璃没有区别。因此目前的选择被认为是总体上最优的，尽管它将使需求采暖量比预期稍高。

2.垃圾系统

住户对垃圾进行分类投放，所有的厨房中都设置了特别的垃圾箱并与垃圾收集点方便地连接。这一措施降低了市政费用。

住区内设有一个收集废纸和生活垃圾的真空系统，其投放点位于车库和社区的内部街道。垃圾收集点位于住区外的密闭系统，由市政垃圾车统一清运。这不仅减少了住区内的交通量，也节省了住区内用来处理垃圾的空间。

住区内还设有有机垃圾的发酵系统，其发生装置位于车库的入口处，产生的肥料可供居民使用。同时还设有玻璃、塑料、金属和饮料罐等可回收垃圾的收集点。

3.室内环境

建筑按照"清洁建造"(Clean Construction)标准进行管理，营造了良好的施工环境并减少了施工中的湿度和灰尘。所有的公寓都有均衡的通风，并对排出空气进行热量回收。壁柜与顶棚同高以减少灰尘累积，并且配有一个中央真空清洁系统，使用低放射性的优质建筑材料以减少室内污染物。

4.绿色空间

户外空间对公共开放，并可直达水边。私人空间与公共空间截然分开，住区内的机动交通仅限于救护车等应对突发事件的车辆和搬家车辆。居民和访客的停车均在地下车库解决。开放空间设计了游乐和社交区域，并有步行道通往学校和公园。

户外空间总面积6500m^2，其中几乎一半位于地下停车场的上方。停车场与地表高差达4m，以满足种植大型树木所需的土层厚度。

***翻译：何仲禹**

参考文献

[1]Pilot project report. Rapport forsøksbyggprosjekt, Erik Skorve, BOB, rev. 2004.10.5

[2]Byggekunst, the Norwegian Journal of Architecture 2003.5

Grünerløkka 学生住宅，挪威

Grünerløkka Student Housing, Norway

项目地点：挪威
设 计 师：HRTB AS Arkitekter(建筑师)，
Multiconsult AS，Seksjon 13.3 landskapsarkitekter(景观建筑师)
顾　　问：SCC AS(结构)，Axlander & Rosell，Comfort consult AS(水、通风)，
Ing. PerØdemark(电)
业　　主：AS Anlegg
项目管理：Realutvikling AS
地　　址：Marselisgate 24
工程类型：居住区，修复与再利用，城市更新

学生住宅改造：对旧谷仓的再利用（2001年）

一、主要经济技术指标

建筑总造价：2 470欧元(约25 000元人民币)/m^2。节省了约600万欧元的拆除费用。

总建筑面积：8500m^2(38m^2/人)

能源消耗：156 kWh/m^2/年(2003年)

能源来源：电力、燃油和地区供热系统

二、项目介绍

原有的谷仓建于1953年，是挪威第一个采用滑模方式建造的建筑。最初由HRTB建筑事务所建议改为旅馆，后来通过20世纪80年代的设计竞赛决定改造为学生住宅。

建筑坐落于Aker河岸，这里本是一个始于17和18世纪的工业区。20世纪90年代，政府将这里转变为国家公园。目前，这里不仅是一个休闲娱乐区，还有一些古老而经典的工业建筑被赋予新的功能：如奥斯陆(OSLO)建筑与设计学院、国家艺术学院，以及部分国家电视台和广播网的机构。这部分滨河地区被18世纪的工人住宅环绕——现在已经成为奥斯陆城市中心最受欢迎(特别是年轻人)的居住区。因此，奥斯陆市投资一些该地区的老公寓改建项目以使更多的家庭可以在这里居住。

改建后的谷仓有16层楼，包括226个居住单元。所有的居住空间都是圆形的，走廊和厨房均为扇形，卫生间占据了原来平面中的星形部分。

建筑师的目标是尽可能多地从材料到形式保持原来的结构。走廊因此被塑造成"从细胞到细胞"的步道。原建筑粗糙的混凝土肌理被保存下来，并与新加入元素的鲜艳色彩产生了鲜明对比。一组组楼板被赋予了独特的色彩，仿佛透过那些带有彩色玻璃的阳台从建筑中呼之欲出。

三、环保策略

建筑立面进行了外隔热处理并经过粉刷，其内表面也喷涂了对环境友好的硅酸盐涂料。内部的混凝土墙作为蓄热体使用。最重要的环保策略就是在建筑改造过程中减少能源使用和废弃物产生。以水为媒介的地采暖系统同样适用于其他能源，屋顶安装有热交换器。

建筑屋顶被改造为一个公共平台，周围还有一些房间可以进行公共的社会活动。为了鼓励对自行车的广泛使用，建筑内外都设置了可上锁的自行车棚。

***翻译：何仲禹**

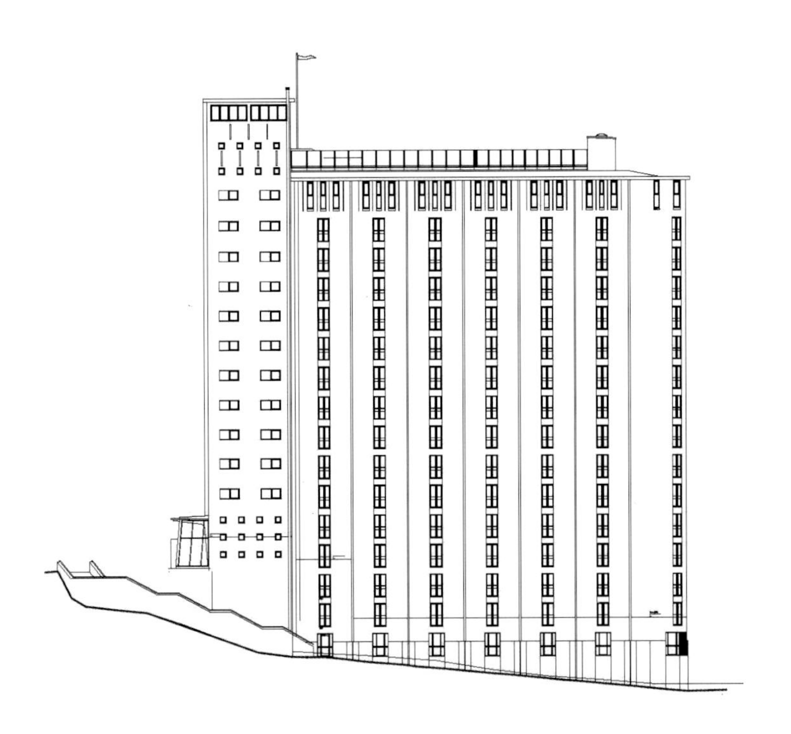
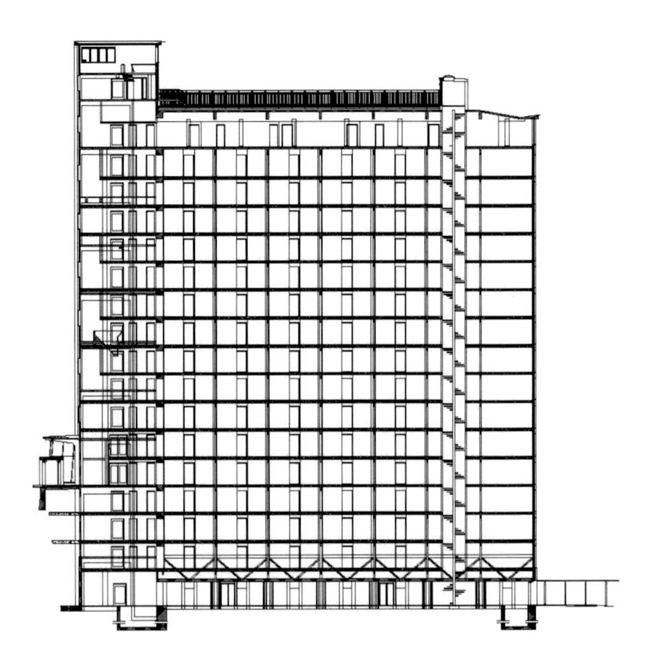
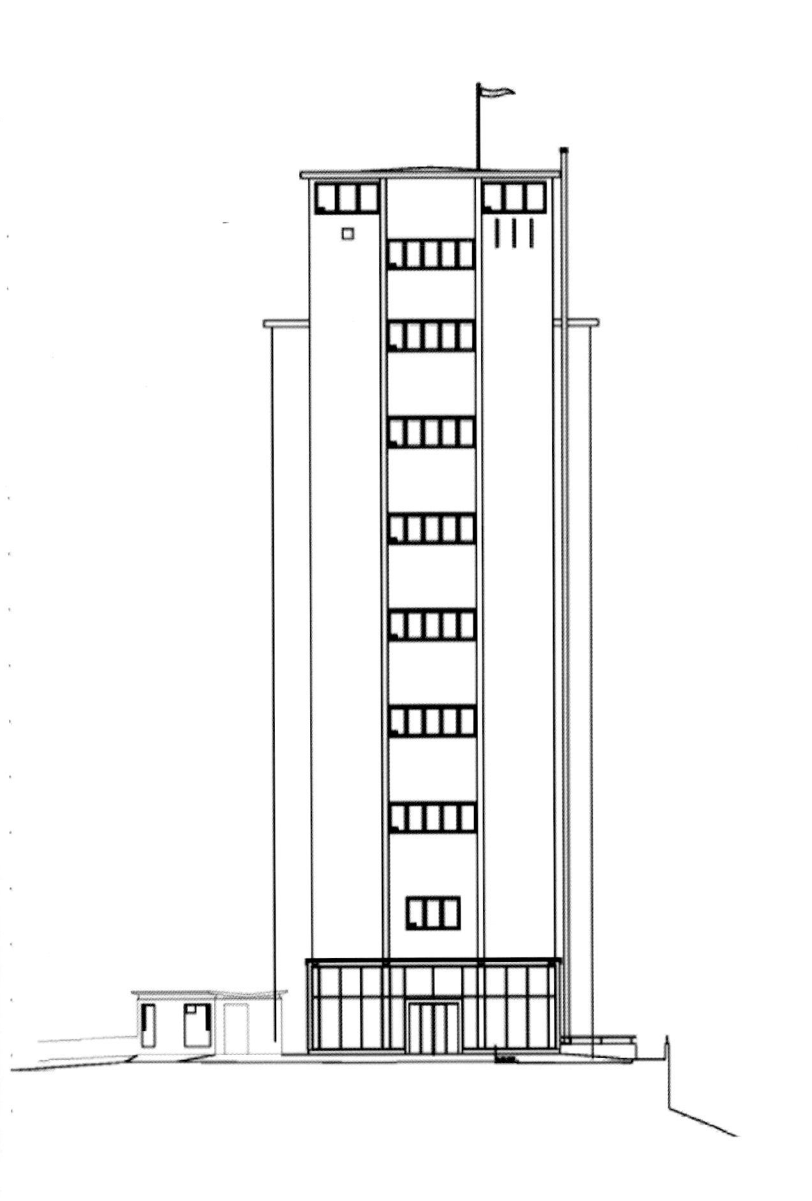
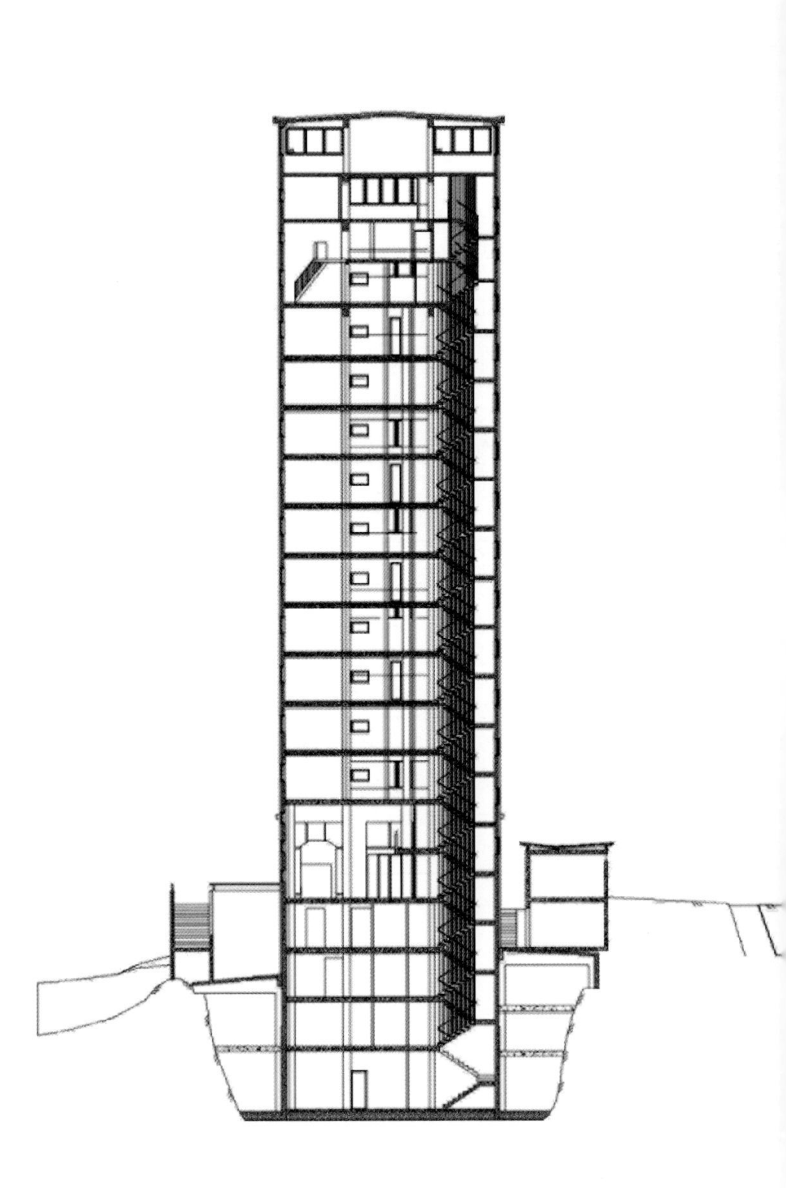

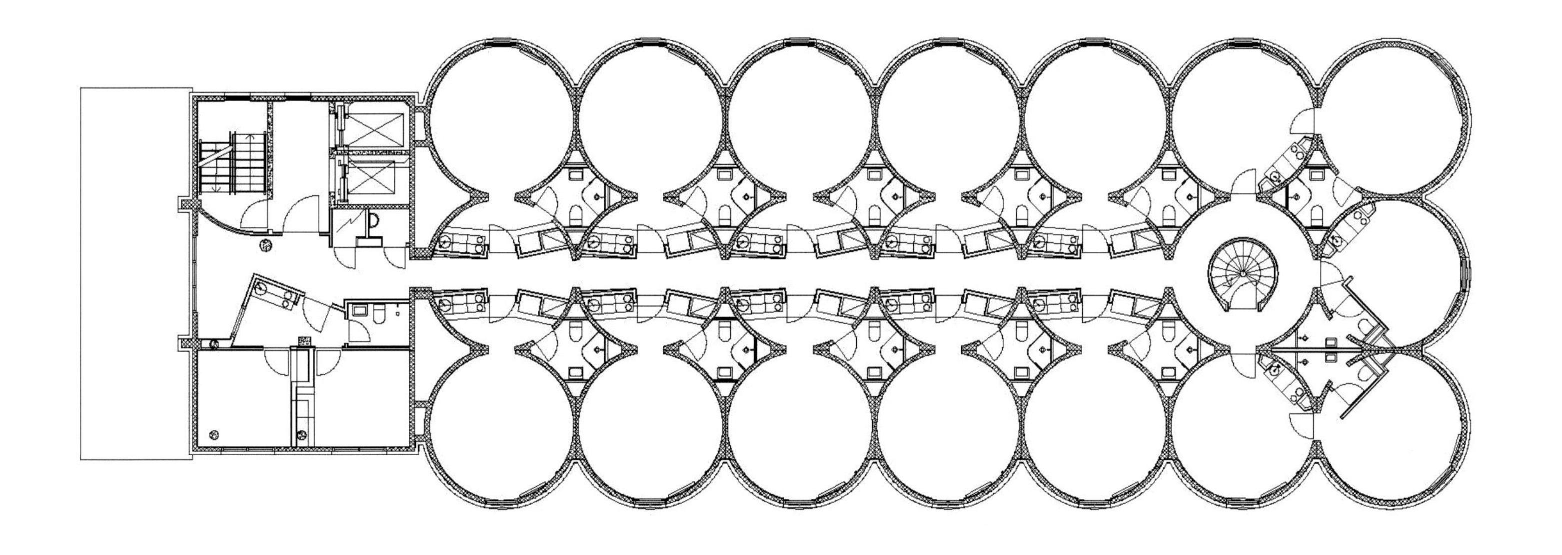

Klosterenga 生态住宅，挪威

Klosterenga Ecological Housing, Norway

项目地点：挪威

设 计 师：Arkitektskap AS(建筑师)，GASA AS Arkitektkontoret(建筑师)

顾　　问：Erichsen & Horgen AS(空调与能源)，Seim & Hultgreen AS(结构)

地　　址：Nonnegata 17～21

项目类型：居住区

一个位于老奥斯陆镇(Oslo)的住宅街区——是挪威都市环境中最先进的生态项目之一(1999年)。

主要经济技术指标：

建筑总造价：15 970挪威克朗/m^2(约2 430欧元/m^2)

总建筑面积：3500m^2，50m^2/人

能源消耗：104/127 kWh/m^2

能源来源：被动式及主动式太阳能、电力

一、项目介绍

Klosterenga位于一个典型的19世纪末期的城市街区中。取代了原来的工业和仓储建筑，新的居住区由92栋公寓组成。基于广泛的生态学考虑，每个街区包括35栋公寓。

项目的核心目标如下：

1.从生命周期循环的角度，建造应该消耗尽可能少的资源。

2.在建造和使用过程中，应该把对环境的影响降至最低。

3.强化场地上自然元素的质量和范围

Klosterenga得到了来自欧盟阳光(SUN/SHINE)工程第五框架计划的支持，该计划的主题是被动与主动式的太阳能利用。这个项目也被作为最佳工程实践列入Caddet技术手册170期(IEA/OECD)；同时是国家污染治理协会(State Pollution Authority)的生态设计范例；并于2000年得到了NBO的日耳曼建筑奖。

二、环保策略

Klosterenga的设计基于整体的生态策略，通过考虑自身与城市水系统、绿化结构和人行及自行车网络的关系，使其与城市环境有机衔接。建筑的体量和布局使户外空间避免冷风走向及空气污染，同时可以最优化地接受太阳辐射。通过对水体和植被的设计，自然的品质获得了提高和加强。

1.可更新能源：建筑表皮被设计成一个太阳能收集器，以最大限度地通过主动式或被动式系统利用太阳能。建筑平面有清晰的温度分区：需要稳定热量的房间在中央，而需要较少热量的房间在北侧，可以容忍较大温度变化的房间在南侧。这种系统的温度分区降低了供热需求量，建筑平均温度被降低，因为只有6.3%的空间需要诸如25℃这样的高温，而大约30%的空间只需要17℃。

建筑平面使得公寓可以从两边通风和采光，分区原则导致卧室在北侧，卫生间在中部，起居室在南侧。

北立面坚实而封闭，使用砖石材料，开小窗。南立面是一个太阳能集热器，设计成双层玻璃幕墙，厚度为

30cm，空腔不仅可以隔热也为新风提供了预热。内部厚重的结构包裹着温度最高的房间，并作为热缓冲器承载热量。为了有利于接受太阳能，建筑朝向南偏东19°。建筑屋顶设有245m²、角度为30°的太阳能板，它们收集的热量用于加热七层屋顶下的水箱。热水被用来供给地板采暖。测量表明太阳能板每年可以提供75,000 kWh的热量。

2.材料的可持续利用/室内环境：一个良好室内环境的取得来自自然而简单的建筑材料。北墙是双层砖承重墙，内部填充200mm的玻璃棉作为隔热材料，由此提供了可以调节温度与湿度的呼吸墙体。设计使用简单的细节和少量材料来简化维护过程。朝北、西、东的房间墙体都使用经过粉刷的砖。内隔墙为轻钢龙骨石膏板，具有对环境友好的外饰面。地面材料为油毯、陶瓷砖和镶木地板。住宅内有一个中央真空清洁系统。每套公寓有独立的平衡通风系统并可进行热回收。

3.水：公寓具有独立的水量控制和测量装置。常见的节水装置如低置淋浴头和双冲厕所均有使用。雨水被收集用来灌溉花园。公寓有双管排水系统。冲厕水直接排入市政管网，中水则进入庭院中的生物净化系统。这种根带（root zone）净化系统不使用任何化学物质，由沉淀池、预滤器和根带基层构成。水经过梯度过滤，通过一个小水坝，然后经开放的通道流入附近公园。

4.绿色空间：庭院被设计成植物茂盛的小公园。种类丰富的植被吸引了很多昆虫和鸟类，从而提供了生态多样性。为了进一步丰富生态活动，储藏间和废物收集棚的屋顶栽种了植物。其他户外材料的选择均以健康、可回收和耐用为标准。使用的材料包括花岗岩、砂砾、石板、混凝土和电镀钢，所有的木构件均为保持原状的木材。庭院里还有一个发酵系统，在住宅合作社的可循环顶棚下设有肥料发生器。

为了减少私人机动车的使用，住区内设置了大量自行车停车位或停车棚。

三、评价

大量事实表明，通常此类住宅的能耗为150～180 kWh/m²/年。下表显示了本公寓的预期和实测能源消耗。

	预期(kWh/m²)			实测(kWh/m²)		
	热能	电能	总计	热能	电能	总计
1.供暖		20			43	
2.通风		9			0	
3.热水		11			24	
4.风机和泵		19			unspecified	
5.照明		17			unspecified	
6.设备		28			unspecified	
7.制冷		0			0	
8.特别能源消费 总耗能(1～8)		104	104*		127	127**
9.室外		11			24	

**包括公共空间

*不包括公共空间

计算依据挪威国家标准NS3032。热能包括地区供热、生物能、燃油或其他低质量能源。

理论值与实测值之间的差距有如下几个方面的原因：大约有10kWh/m²来自太阳能集热系统第一年运行产生的技术问题；大约10kWh来自3户“极端”消费者，他们每年比其他住户多使用了18,000kWh的能源，每户达到22,000kWh，其他公寓的平均用电量是4,000kWh。此外，实际的室内温度比预期的20℃这一上限还要高，这又多消耗了10kWh的能源。矫正了这些背离因素后，能源消费为102kWh/m²，与预期基本接近。

***翻译：何仲禹**

参考文献

[1]Byggekunst，2004.3

[2]Ministry of Municipal and Regional Affairs (KRD)，Bærekraftig boligplanlegging，50

[3]Byggekunst，1997.6

[4]SUHN & SHINE program information

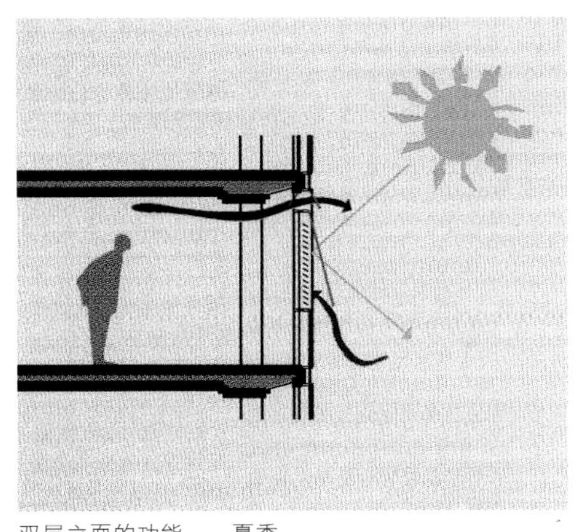

双层立面的功能——夏季

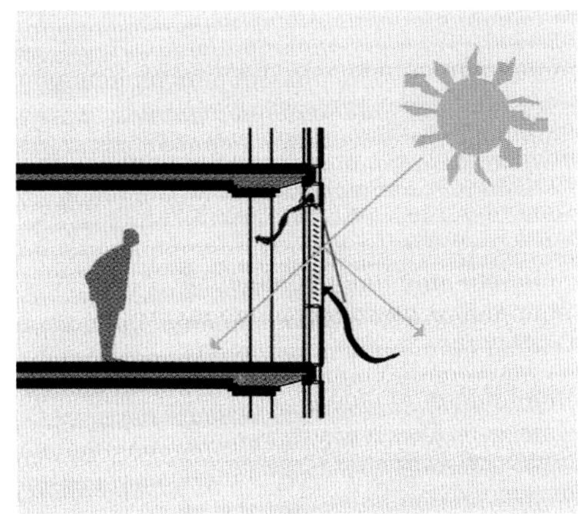

双层立面的功能——秋季/春季

双层立面的功能——冬季

技术原则

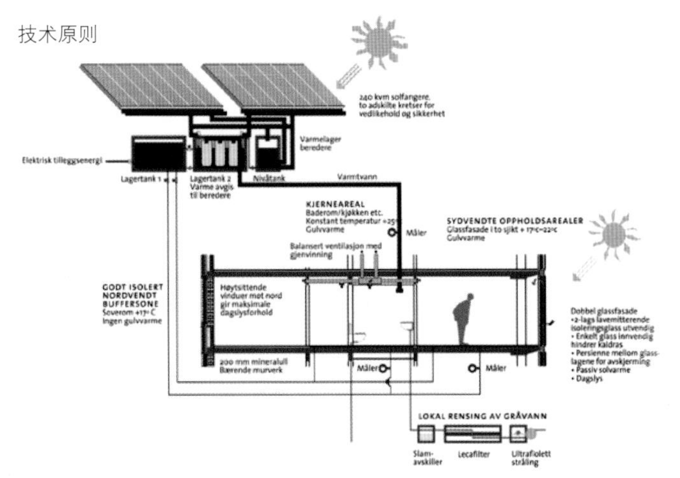

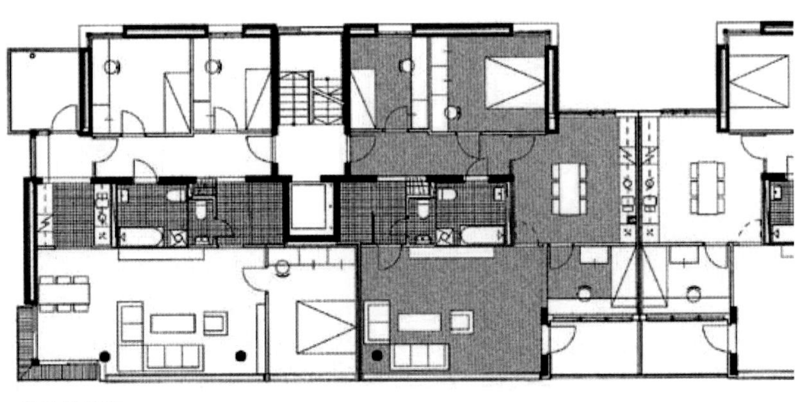

单元总平面

Pilestredet公园，挪威

PilestredetPark, Norway

项目地点：挪威
设 计 师：Lund og Slaatto Arkitekter AS （建筑师），
GASA AS Arkitektkontoret（建筑师），
Bjørbekk og Lindheim AS（景观建筑师），
Asplan Viak（景观建筑师）
地　　址：Pilestredet 公园
项目类型：居住区 修复与再利用

这是一处位于内城的大面积改造工程。依据一项综合的“都市生态项目”，它将从前的国家医院转变为居住和商业用地，其中既包括更新，也有新的建设。

一、主要经济技术指标

建筑总造价：B区与H区平均17 781挪威克朗/m^2(约合23 115元人民币/m^2)

总建筑面积：70 000m^2，22.3m^2/人(B区、H区平均值，依据床位数计算)

能源消耗：估计100kWh/m^2/年(新建建筑部分)

能源来源：新建建筑与城市供热系统相连。所有公寓都有水媒加热。补充能源是电力。

二、项目介绍

这是斯堪的纳维亚半岛最大的城市生态工程之一。包括超过600套的新公寓。项目的两个主要发起者，公共建设董事会和奥斯陆市，对该地区雄心勃勃。一项环保计划(MOP)被制定出来，以约束开发商遵循城市生态原则并达到预期目标。

三、环保问题

1.过程与方法：与很多其他项目不同，这份环保计划(MOP)提出了定量的环保绩效要求。三个主要方面是：

(1)资源利用：广泛地关注资源与能源的消费；

(2)外部环境：排放到空气中的物质、水、大地；

(3)健康、环境和安全：关注工作环境、室内环境、交通和外部设施。

在建筑材料、能源利用、废物管理、水消费和处理、室内环境、交通、户外空间、HES和维护等方面设置了具体的要求。

在项目的筹备阶段进行了很多研究，例如对于更新改造和拆除并新建两者的环境影响比较，不同建造方式的CO_2排放等。另一项尝试是将之前的详细气候研究作为设计的基础。

开发尚在进行之中，MOP中主要关注的问题如下文所述，而对其进一步的评估将在最终出版的报告中提出。

2.建筑废料的削减：Pilestredet公园的开发计划中包括大量的拆除建筑。因此开发商被要求执行一项独立的子工程，MOP对于循环利用、废物处理、噪声、灰尘和其他相关问题上做出了高标准的事前规定。

MOP要求拆除材料中的90%(按重量计)应该在场地内或尽可能就近的区域循环使用。循环应达到可能的最高水平(直接重新利用为最高水平，其次是循环后使用，燃烧为最低水平)。至少0.25%的材料要被直接重新利用，至少25%为循环后材料。所有的有害物质必须被分类并且投放到处理工厂。

可行性研究评估了新建筑对原材料重新使用的可能，以及将旧材料用于户外设施的可能性。所有即将被拆除的建筑所使用的材料都被分类编目，并描述了可以在新建筑或户外设施中可以重新使用的材料。这份编目经修改后被作为与拆除作业公司签订合同中的条例，这些材料也被收集起来。

经许可授权，重型建材可以直接在工地上处理，特别是粉碎和分类砖和混凝土。这不仅极大地减少了运输，也使很多材料可以直接在工地上被重新利用。Pilestredet的粉碎工厂位于城市中心，但它引发的噪声和灰尘比预计的少。由于选址恰当，对当地居民没有造成过多危害。

MOP的要求大部分被付诸实践。不少于98%的材料被循环使用，接近3%的材料被直接重新利用（主要作为新混凝土的骨料），其他则被用于材料循环。大量被用于Pilestredet的道路修建和填塞。所有的污染材料都被清除。

MOP规定新建筑产生的废弃物应该被最小化。H区的第一片住宅区每建筑平方米产生了18kg的废弃物。其中只有25%被运送到废物处理厂，其他均被分类并重新使用。

3.施工工程中的灰尘和噪声：噪声、振动和灰尘的产生被设置了允许的上限，并在施工中得到了控制。在卡车离开工地进入外部道路前，一个特别设计的装置将会对卡车的轮胎和下部进行清洗。施工中没有收到周边社区居民的投诉。

4.材料的可持续利用/室内环境：MOP要求建筑中至少25%的材料是可重新利用或可循环的。此外，被使用最多的五种材料（按重量计）应该具有环保认证，符合GRIP基金会的“环保认证建筑材料”标准。一本荷兰的手册被用作材料选择的基础。一旦任何材料中含有的污染控制协会（SFT）“黑名单”中的污染物质含量超过1%（按重量计），这种材料就会被禁止使用。如果有更加环保的替代品，PVC是不被使用的。新建筑在建造中也考虑到了未来选择性拆除的可能性。

Contiga公司的一种新产品被用于Pilestredet公园。这种预制的混凝土使用混凝土、水等废弃材料，它们由该公司自身的生产循环产生。

四、室内环境

关于室内环境的要求包括低辐射材料，控制湿度危害，避免过敏源，以及避免电场和磁场。住宅室内最低采光系数被规定为2%，工作场所则为3%。后续的分析表明室内环境良好。

1.水：MOP要求住宅区每人每日的最大用水量为150L，并通过分户的水表计量。同时要求饮用水具有足够的品质，而且水管在火灾中不能释放任何有害物质。

2.控制能源消费：对住宅而言，每年的设计耗能量是100kWh/m^2；办公室为90kWh/m^2；学校为80kWh/m^2。灵活的供热系统被应用，同时设置了地区供热系统。

3.垃圾和排水系统：生活垃圾不超过全部垃圾的30%。有机废物被用来发酵。

4.绿色空间：尽管私人的户外空间有建造商开发，但根据一个独立的生态景观规划，Statsbygg对公园和公共空间负全面责任。Asplan Viak设计了公寓附近的区域以及一个“再利用”公园，公园中使用的材料是诸如从前建筑上的花岗岩等。景观美化使用开放的排水系统和湿地。部分步行道的建造循环使用了老建筑粉碎的砖和混凝土。

5.地区与交通：根据要求，来往这个地区的交通中公共交通、步行交通和自行车交通的比例至少达到80%。要求设计高水平的自行车停放设施，每套公寓2.5个车位，部分可以位于室内，但要具有良好的通达性。这个地区基本没有私有汽车，特殊情况下私人汽车只能从小的支路进入。进入地下停车场的入口在周边的街道。

五、评价

Pilestredet公园ANS现在完成了最初的两个住宅区，包括211栋公寓，大多数综合环保要求得到了满足，无论是拆除作业还是新建建筑。对于能源和水利用的检测正在启动。

该项目推动产生了全新的工作方式和公私合作方式，从环境质量的控制到随后的管理，由此加强了挪威在此领域的实际能力。项目主要的实施者如Statsbygg和奥斯陆市对于环境目标的优先考虑也向整个建筑工业发出了重要的信号。

关于拆除和再利用工程的初步目标是可行的。它们实施顺利：只有3%被拆除的材料成为了垃圾，而其中97%在工地上或其他工程中被重新利用。

***翻译：何仲禹**

参考文献

[1]Various reports of Statsbygg

[2]Bygg for en ny tid, Chris Butters and Finnøstmo, NABU

[3]Pilestredet Park—status, environmental program, Pilestredet Park Boligutbygging ANS, 2004.4

[4]www.statsbygg.no

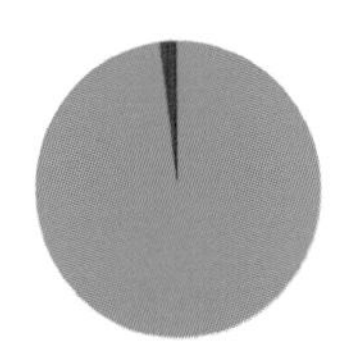

拆除的旧建筑材料再利用率：98.04%

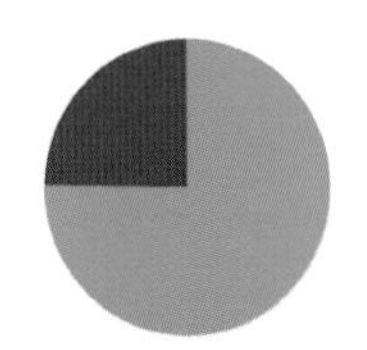

建筑垃圾再利用率：75.19%

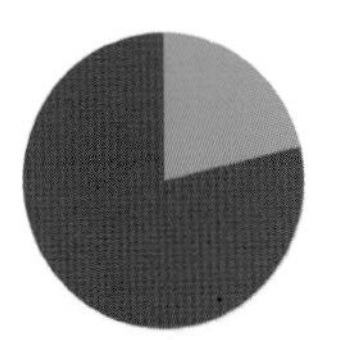

新建筑材料的可再利用率：21.3%

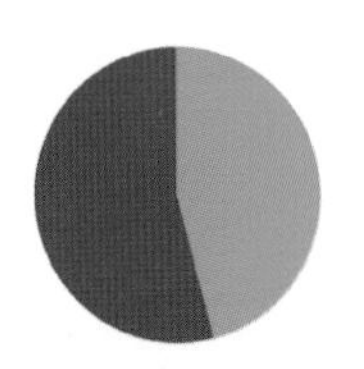

新建筑和景观材料的可再利用率：45.7%

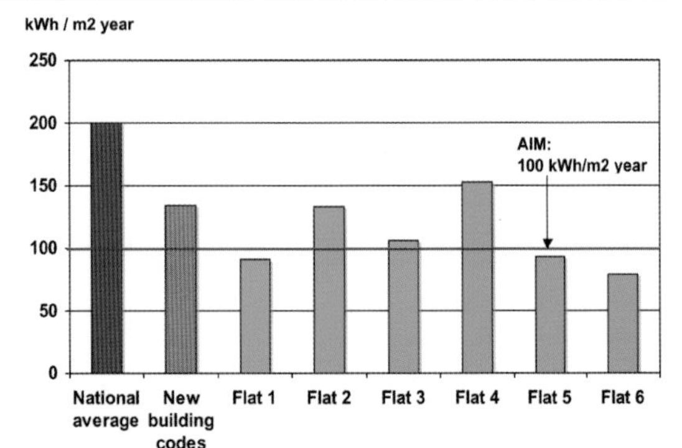

材料的再利用措施和环境友好型产品的选择

建立一般记住材料的数据库，包括以下信息：
· 已知有害物质含量
· PVC含量
· 循环再利用

组成多学科背景专家组，协助评价环境产品和材料

分析结构整体重量以监控新建筑是否达到了使用25%可再利用建筑材料和实现0.25%的直接再利用的目标

发展建造方法和产品以达到比现有业界水平更高的再利用率

施工现场措施：

发展保证使用90%的旧建筑材料和70%施工废料的程序

建立防止施工现场噪声、振动和灰尘传播的措施

形成施工中和完工后防止水体污染的20点工作方案

使用“洁净现场”方法以保证现场条件、防范建成后的污染

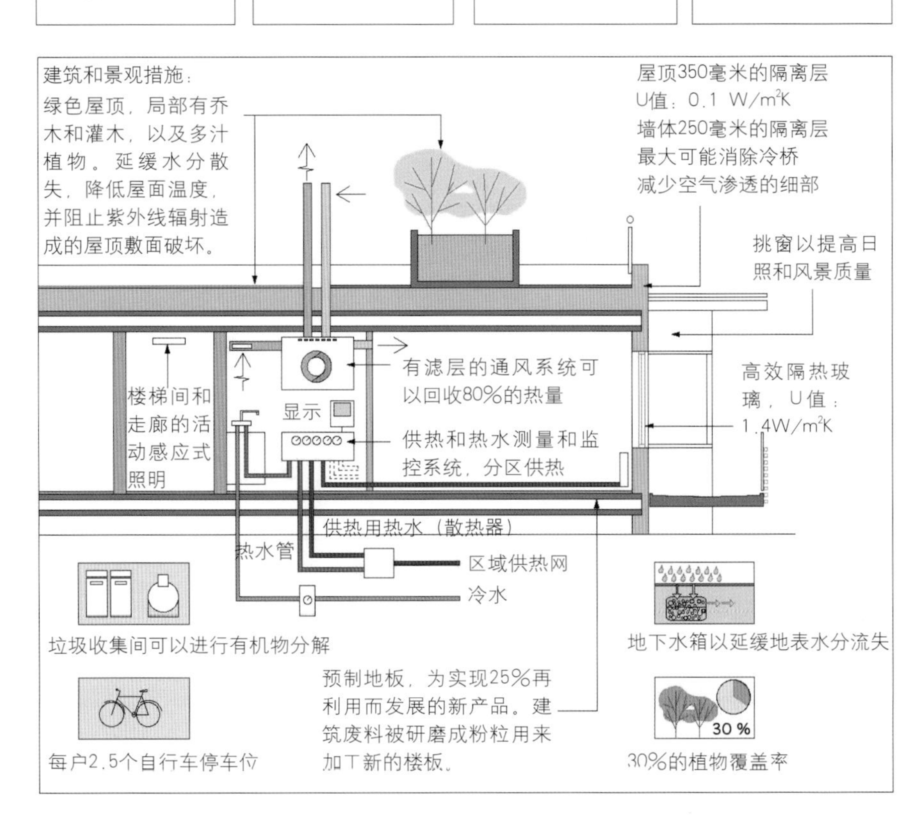

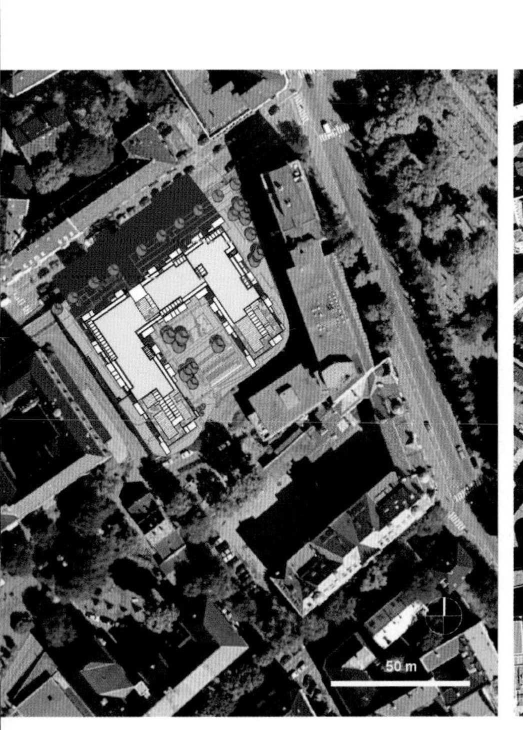
50 m

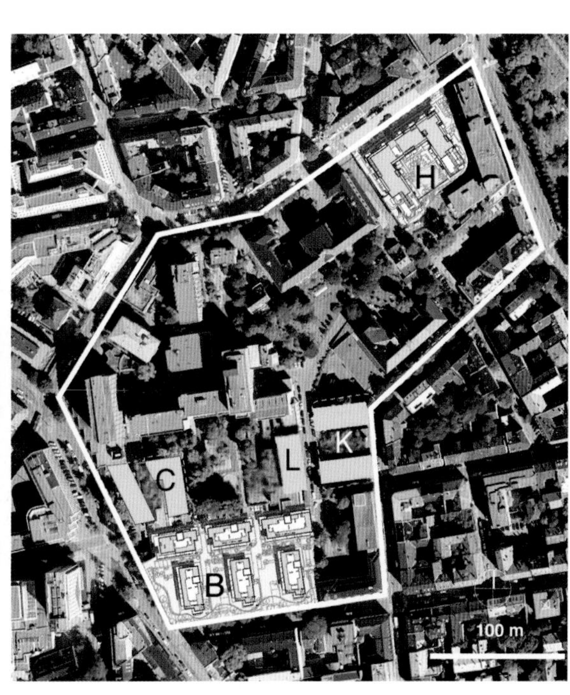
H
C
L
K
B
100 m

自然与建筑

——贝利与克罗斯(Barclay and Crousse)事务所

Nature and Architecture
Barclay and Crousse Architecture

编译：范肃宁

法国贝利与克罗斯建筑师事务所的主要负责人桑德拉·贝利（Sandra Barclay）和皮埃尔·克罗斯（Jean Pierre Crousse）从建筑院校毕业后，便来到秘鲁的利马·里卡多·帕尔马大学（University of Ricardo Palma, Lima, Peru）。这给了该事务所以接近自然、接近乡土环境进行创作的机会，因此他们的作品风格清新。本刊选取了五项该事务所的建筑作品，其中包含有滨海别墅、旧建筑改造和多层公寓组团等多种住宅模式。这些房子远看上去都是中规中矩的，只有深入其中才能发现设计师的巧妙构思。设计师在某种程度上秉承了中国传统的“天人合一”观念，房屋内外的布局与外界的自然环境紧密地结合在一起。在贝利&克罗斯事务所的作品中，我们看不到矫揉造作的建筑构件、拼凑的建筑空间或是虚伪的个人风格，展现在我们眼前的是对自然与生活的热爱。

作者单位：北京市建筑设计研究院

1

B HOUSE

建设地点：拉埃斯康迪达海岸（La Escondida）

秘鲁卡涅特省（Cañete）

建成时间：1999年

工程造价：140，000美元

建筑面积：264m²

建筑材料：混凝土结构，涂料外立面、木板、模块玻璃

该住宅的造型来自我们对三大要素的分析和思考：秘鲁海岸的气候特点、用地地形以及业主对功能的要求。

秘鲁岸边延绵着世界最为干旱的沙漠地带，但是来自南极洲的洋流让原本异常苛刻的气候变得可以居住。当地的气候冬季约为15℃，夏季为29℃，昼夜温差变化极小，因此我们认为秘鲁海岸的住宅惟一需要考虑的就是遮挡夏季的阳光。

建造眺望大海的房子，我们主要考虑可通透空间，因为在这里，建筑的不透明构件只有地面底板和用来遮阳的遮阳板。

而地形的陡峭和高低错落使得建筑无法只朝一面开口。因此我们利用这一特点，竖向分隔平面，以此来形成多层次、多角度的朝向和视野，从而丰富单调的单一朝向。

业主要求父母亲的卧室空间与孩子们分隔开来，这一要求使我们想到对两代人的空间进行竖向划分。整栋住宅划分成3层各自独立的空间，彼此之间通过室外楼梯进行联系。三层是父母卧室，最底层是孩子们的空间，二者之间是全家人聚会交往的家庭起居空间。

楼梯作为建筑的构成要素之一，将位于不同高度的道路和海滩联系在一起。当你一迈入大门，坐在与入口道路平层的上层空间中时，映入眼帘的就是楼梯空间勾勒出的室外景致。室外楼梯因其本身的特点，使三个不同的空间得以相对独立。

每一个楼层都有不同的功能和活动内容，于是也各有特点。家庭起居室带有一个大平台，其局部被结构墙体支撑的凉棚遮盖，成为充满活力的"夏日客厅"。而凉棚侧墙上的长条形窗洞成为观览海景与小岛的画框。上层阳台也有同样架构形式的观海空间，这里是父母的日光淋浴室。楼下的儿童房设有影音室。建筑墙体则成为遮挡烈日的屏障。

家庭起居室是整栋住宅的核心，两层高的空间暗示了这里的特殊性。朝向海景的方向是一整面无框玻璃墙，可推拉滑动的构造体系模糊了室内与室外的界限，它能够让客厅变成一个大平台，也能够让大平台成为客厅。

***法国贝利与克罗斯建筑事务所供稿**

2

3

4

2.B House二层起居室外的大平台
3.B House 外观
4.B House立面构思草图
5.从B House二层平台凉棚俯视大海
6.B House轴测图
7.顶层平面
8.三层/二层/一层平面
9.10.剖面

5

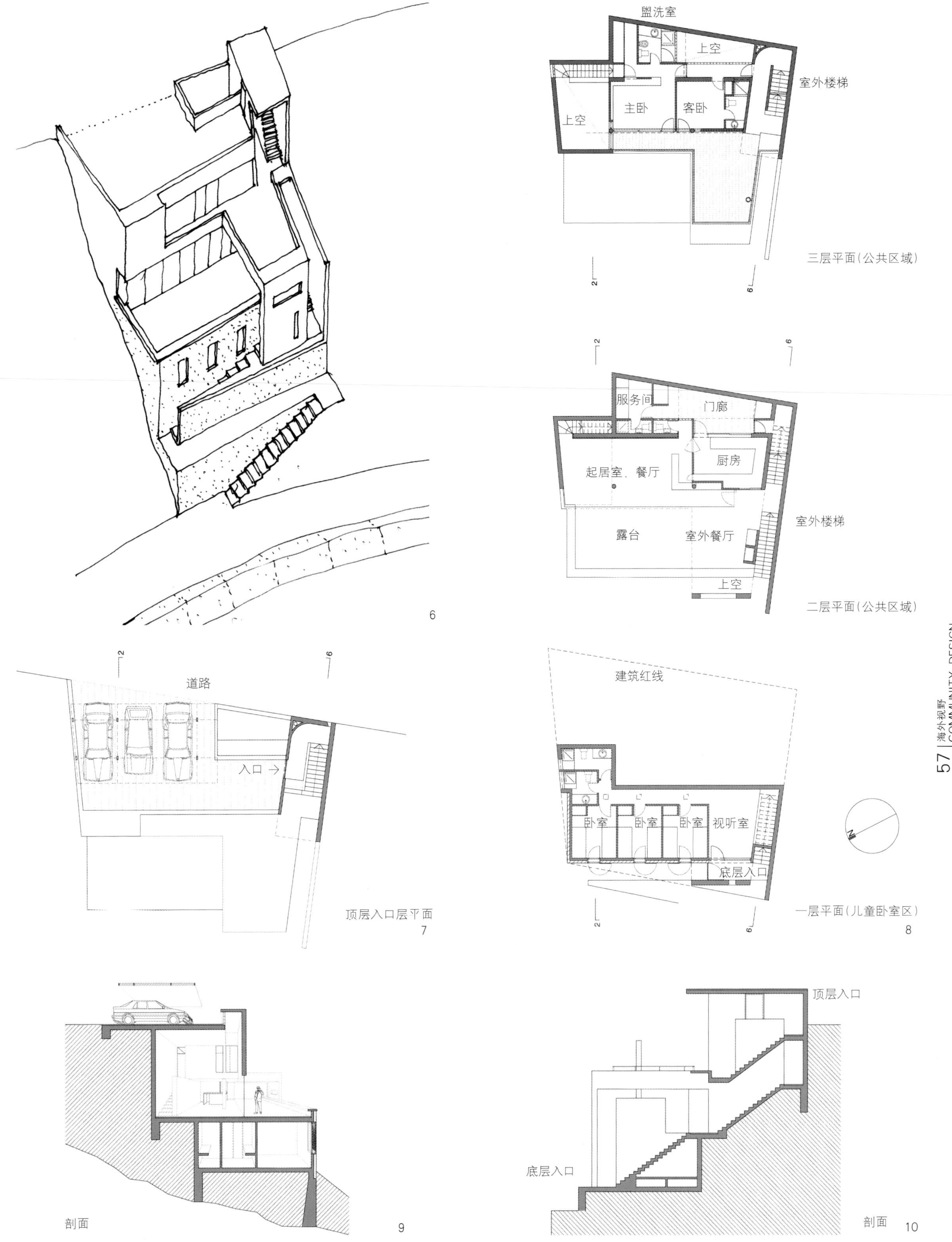
盥洗室
上空
室外楼梯
上空
主卧
客卧
三层平面(公共区域)
服务间
门廊
厨房
起居室、餐厅
室外楼梯
露台
室外餐厅
上空
二层平面(公共区域)
道路
入口 →
顶层入口层平面
建筑红线
卧室
卧室
卧室
视听室
底层入口
一层平面(儿童卧室区)
剖面
顶层入口
底层入口
剖面
6 7 8 9 10

EQUIS HOUSE

建设地点：拉埃斯康迪达海岸(La Escondida)
秘鲁卡涅特省(Cañete)
建成时间：2002～2003年
工程造价：70,000美元
占地面积：253m²
建筑面积：174m²
建筑材料：混凝土结构，涂料外立面、木板、模块玻璃

该设计依然是从我们固有的构思要素出发，经过一系列的思考分析所得到的结果。那就是：秘鲁海岸的气候条件、建筑地点的地形特点以及业主的需求。

在安第斯山脉和海岸之间，几乎与海平面同高的位置，是一长条褐色的沙漠地带。我们认为，要想在沙漠里居住就要对这种特殊的地理地段进行适当的"驯化"，既不能完全地否定也不能无条件地服从。

我们决定先从一个简单抽象的体量开始我们的设计，这个设想的体量满足作为建筑物的规定和原则。然后，在设计过程中，我们用物质实体将这些理论原理一点一点地"替换"掉，就如同考古学家在进行哥伦布前的废墟挖掘时，一点点地除去遗迹上的沙土一样。

我们在该设计的所有尺度的问题中运用这种"削减式的逻辑"，它与以往"建设性的逻辑"有着本质的不同。其结果就是室外空间在某一区域内与室内空间相融合，形成了一个流动的贯通的空间。该区域将单调的无边无际的

1.从Equis House阶梯平台眺望大海
2.Equis House的餐厅空间

沙漠空间与人类的宜居空间完全隔离开来。在这个限定性强但却具有渗透性的区域内，大地和天空都以不同的方式在互相勾勒，互相衬托。

入口庭院可通向住宅的居住空间，该空间通过一个巨大的阶梯平台向大海延伸。阶梯平台的构思理念是一个人造沙滩，并通过一个长条形的游泳池与大海形成连接。起居室兼餐厅空间的屋顶构想是一个插在山坡上的无重量感的海滩遮阳伞。起居空间与阶梯平台之间的界限通过使用无框的滑动玻璃而自然消失了。

从起居室到下方的卧室需要通过一部随自然地形设计的室外楼梯。由台地上的藤架廊就来到了孩子们的卧室。父母的卧室在楼梯的尽端，从悬空游泳池的下方走道穿过就可到达。

褐色是哥伦布前期和殖民时期的建筑颜色，它的使用可以避免建筑外墙因沙漠的沙粒附着其上而引起视觉上的污浊感和老旧感，并且加强了建筑体量与地段环境之间的整体性。

我们远在巴黎的工作室与秘鲁海滩之间相隔万里，这也因此让我们能够更加理性地思考建造体系，那些不必要的细部装饰也被删除了。我们对所保留的细部设计也进行了简化，以便其易于用当地的建造工艺进行施工。

***法国贝利与克罗斯建筑事务所供稿**

2

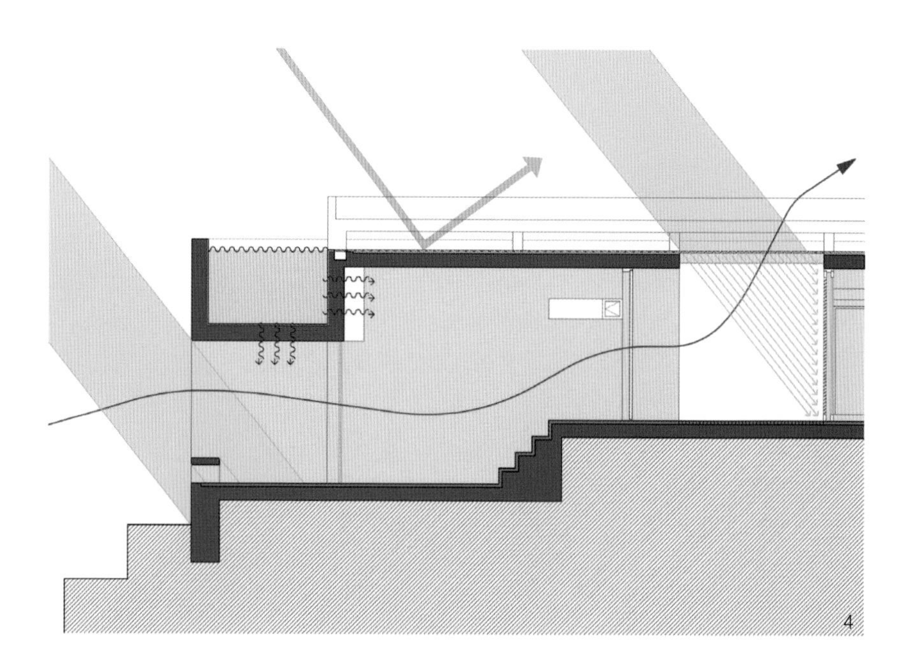

3.Equis House具有震撼力的泳池
4.Equis House环境分析
5.Equis House室内构思草图

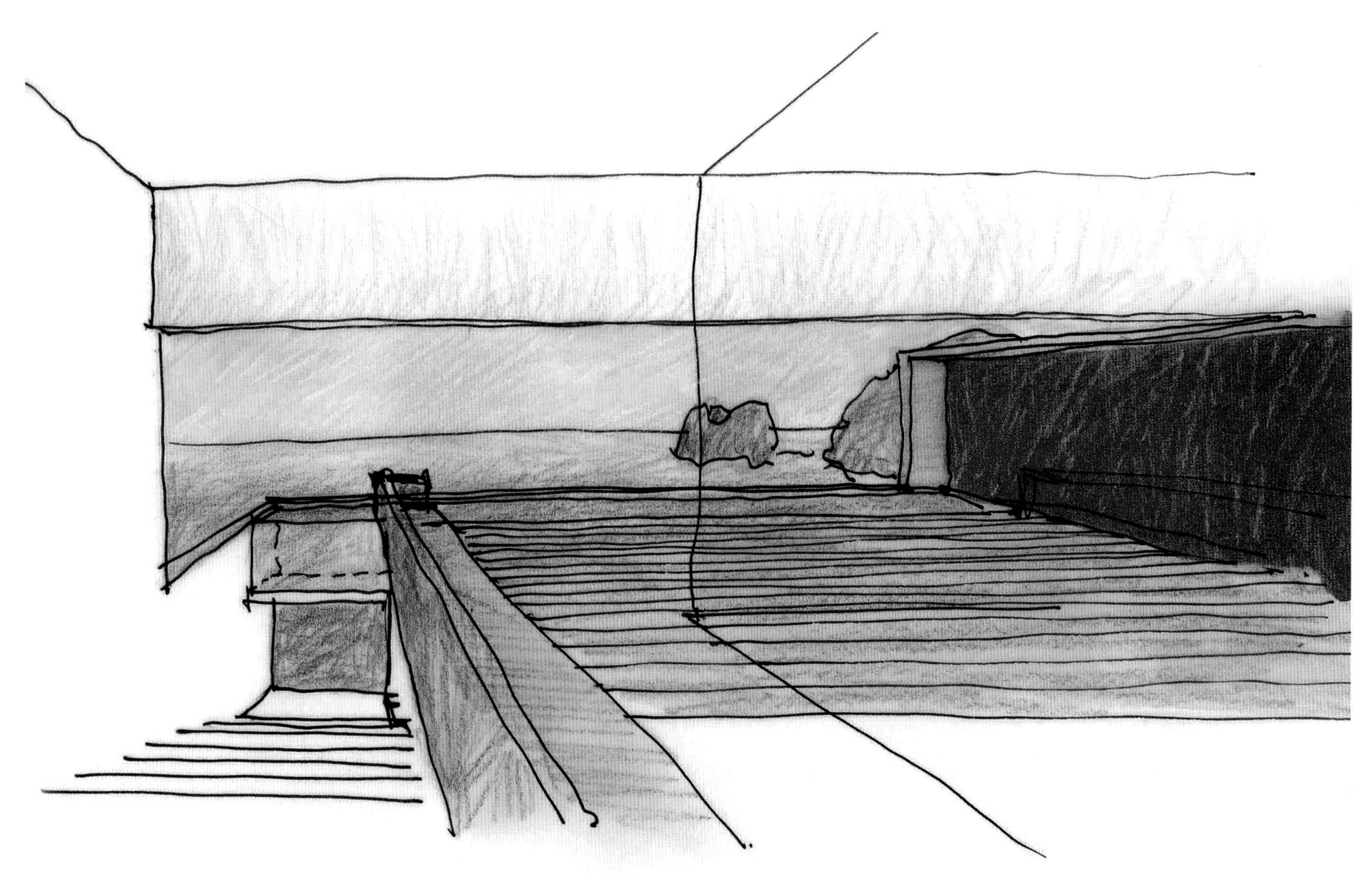

6.Equis House剖面图
7.Equis House首层平面
8.Equis House二层平面

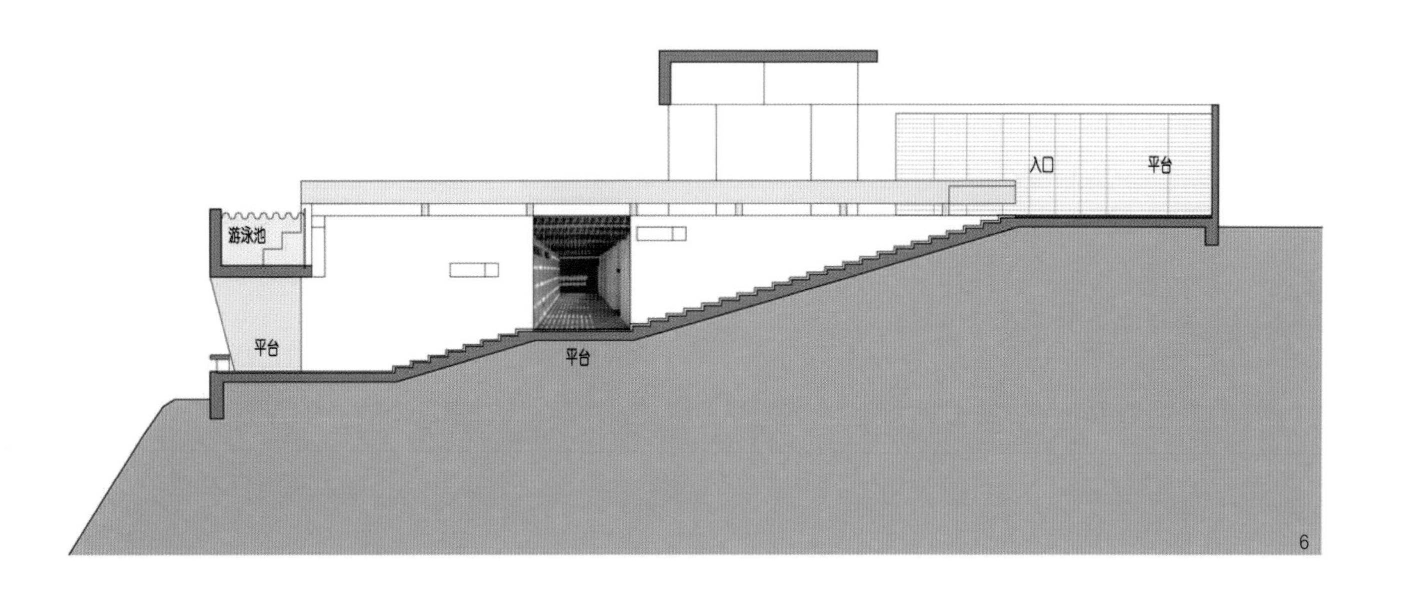

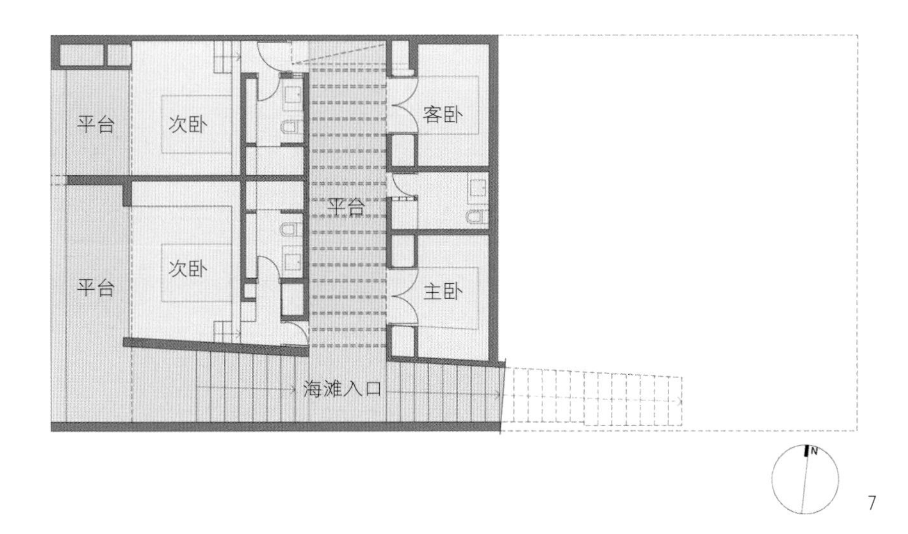

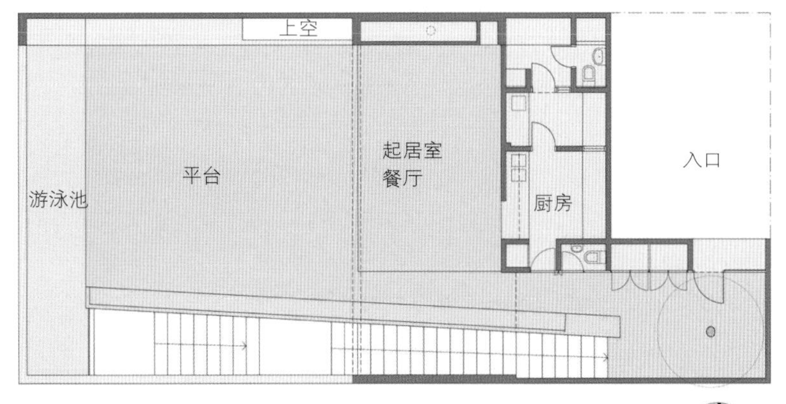

M HOUSE

建设地点：拉埃斯康迪达海岸(La Escondida)
秘鲁卡涅特省(Cañete)
建成时间：2000～2001年
工程造价：45,000美元
占地面积：253m²
建筑面积：156m²

通过对秘鲁海岸的气候条件、建筑地点的地形特点以及业主的需求的分析思考，我们决定了两个基本的策略：

一是采用当地建筑的流行做法，使得私人住宅空间与公共领域空间完全隔离，而后在较封闭的私人空间内部采用模糊室内外空间的手法。

二是运用海沙和红颜色，这样就避免了建筑物在沙漠环境中，外观显得老旧。

建筑的构思是简洁的长方形体量被狭窄的开口空间"切削"，就如同干硬的沙地上的裂缝一样。缝隙中可以避免阳光和风雨的侵蚀，因此往往在裂缝内顺着地形形成地表径流。

这些开敞空间通过一个两层通高的凉廊与室内空间相融合，而两层高的凉廊构架则成为观赏大海和沙滩的取景框。

整个建筑分为三个清晰的体量。第一个体量是车库和入口，中间一个体量是孩子们的卧室，第三个体量是厨房-餐厅-起居空间，楼上是父母的卧室。

餐厅兼起居室空间是整栋建筑的主要构成部分，它那两层通高的空间成为大海和住宅的连接体。在这里，建筑将其最高、最宽、最长的部分都展示了出来，在这个实际上较局促的住宅中让居住者体验到宽敞通透的感受。

***法国贝利与克罗斯建筑事务所供稿**

2

1.M House 眺望大海
2.M House窄长的入口空间
3.M House构思草图
4.M House室内空间构思草图
5.M House的立面与剖面
6.M House平面图

3

4

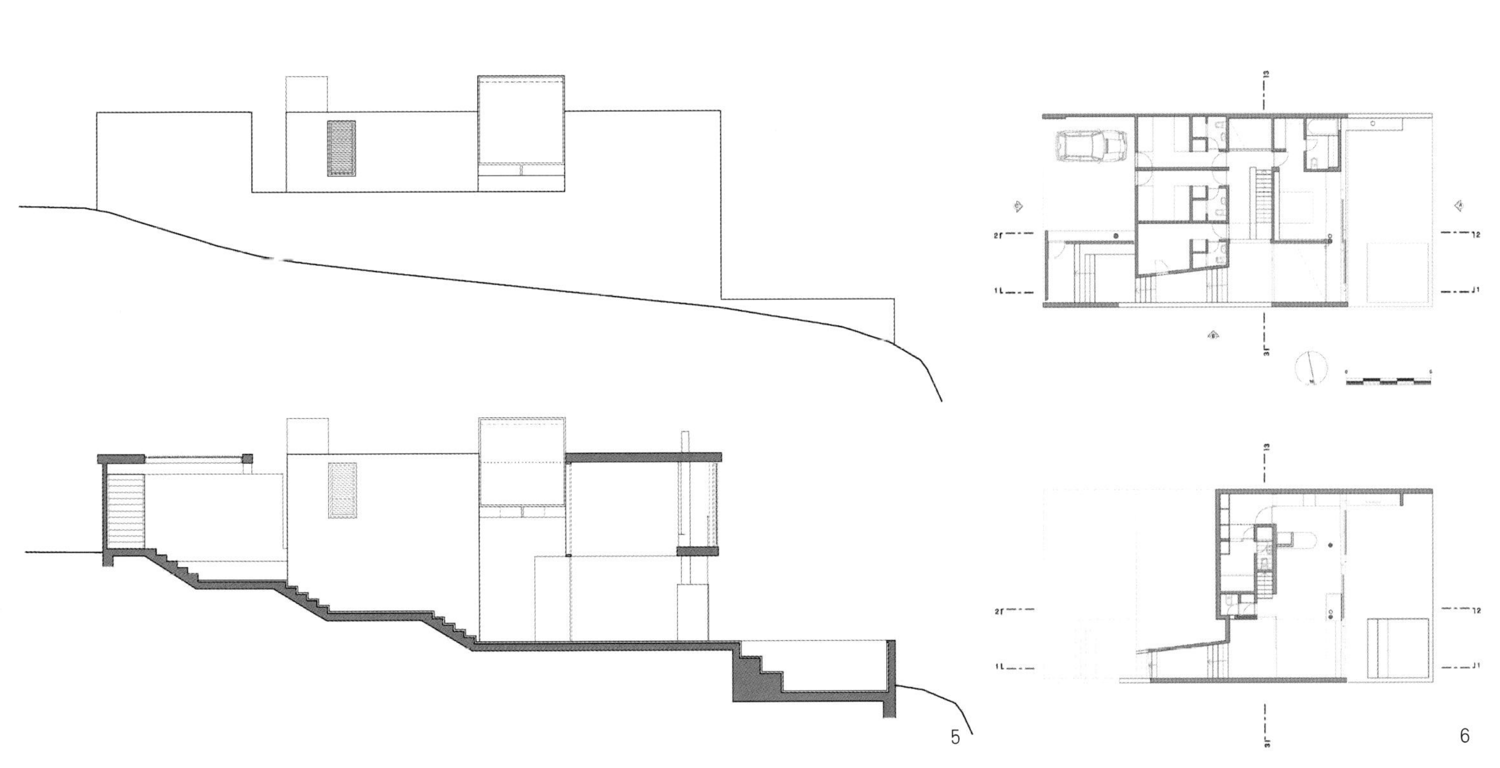

5

6

H HOUSE

建设地点：法国热尔省(Gers—France)

建成时间：2003～2005年

工程造价：254,000欧元

占地面积：2580m²

建筑面积：185m²

建筑材料：混凝土结构，涂料外立面、木板、模块玻璃

这栋位于法国热尔省郊区的别墅设计，虽然看似质朴简洁，但是却提供了一个处理最基本的建筑问题的好机会，那就是现代建筑理念与环境、现有的工艺水平之间的关系。

设计首先碰到的问题就是如何处理基地上的一栋旧农舍的遗迹：是重新利用使其旧貌变新颜，还是保持原状，以便作为过去的生产状况的无声的见证？

最终我们决定保持其原有的状态，且使新建筑成为旧农舍遗迹的延续。在新庭院空间中，新旧建筑虽然使用功能不同，但却具有同样的重要性。

该住宅位于山丘地带的一个小山包上，是托斯卡纳的纪念地，因此可以从高处俯视整个农舍遗迹的全景。

拮据的资金预算是该项目的另一个难题，尤其是在这个只有很少几家当地的工程承包商的地方。于是，该住宅便使用了与周围自己动手修建的住宅相似的建造工艺。在这里，建筑本身并没有太多的特色，只有室内外空间的品质能够与自然环境产生对话。

最符合逻辑的构思便是用一个简单的L形体量，使建筑物与已有的元素(农舍遗迹、广阔的环境景观以及水池)之间形成和谐共生的关系，并因此形成了三个互不相同的开敞空间，每个空间都有不同的朝向和特色。

建筑物与水池之间是私人的花园空间，从这里望去，新建筑如同是旧农舍的加建部分。农舍遗迹与新建筑之间是庭院，这里拥有对过去传统的生产活动和村民交往空间的记忆。鱼池与平台之间形成了阳光明媚、景色优美的景观空间，水面的倒影显示出童话般的乡村景色。

各个空间的入口也都经过精致设计，以便勾勒出每个开敞空间的独特品质，并且在他们之间形成视觉上的联系。只有从建筑内部才能发觉这些不同外部空间之间的关联，你会发现，建筑、景观、农舍遗迹其实融合成了一个整体。

*法国贝利与克罗斯建筑事务所供稿

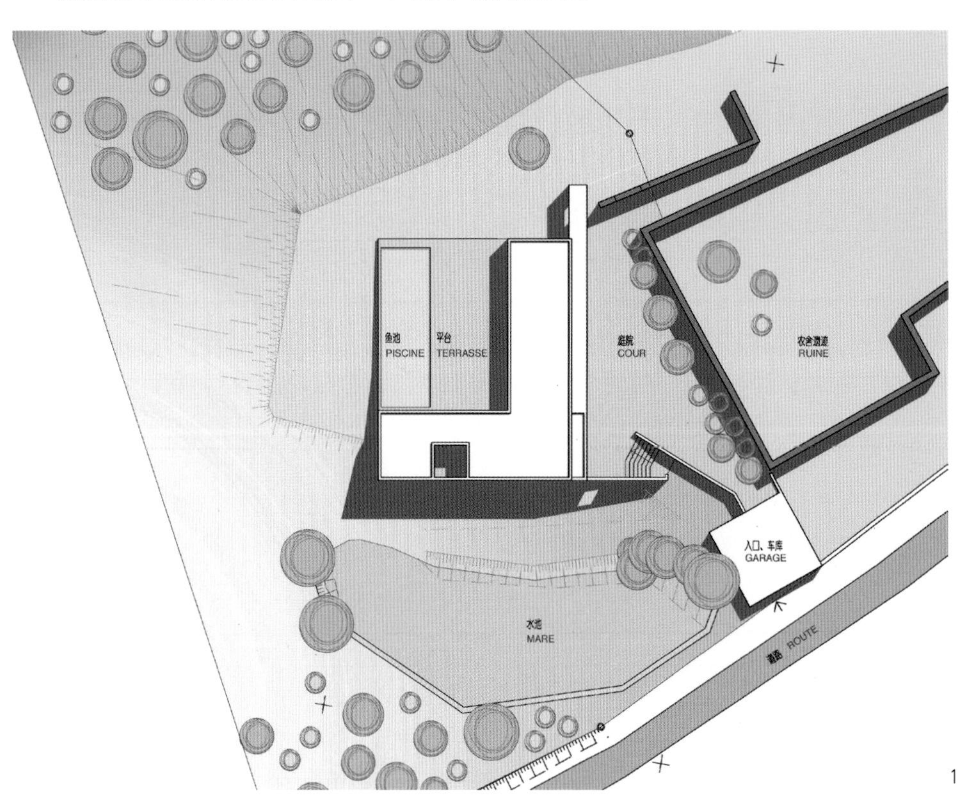

1

1.H House总平面图
2.H House 剖面图
3.H House入口草图

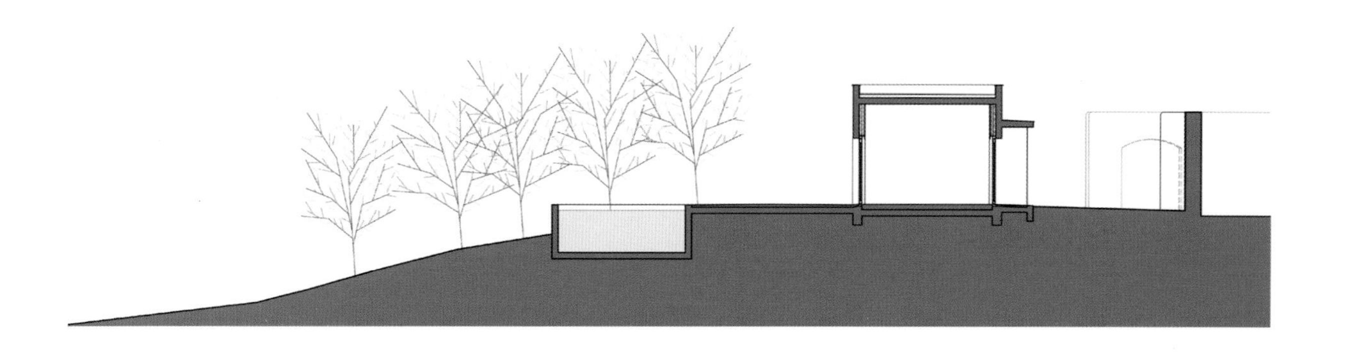

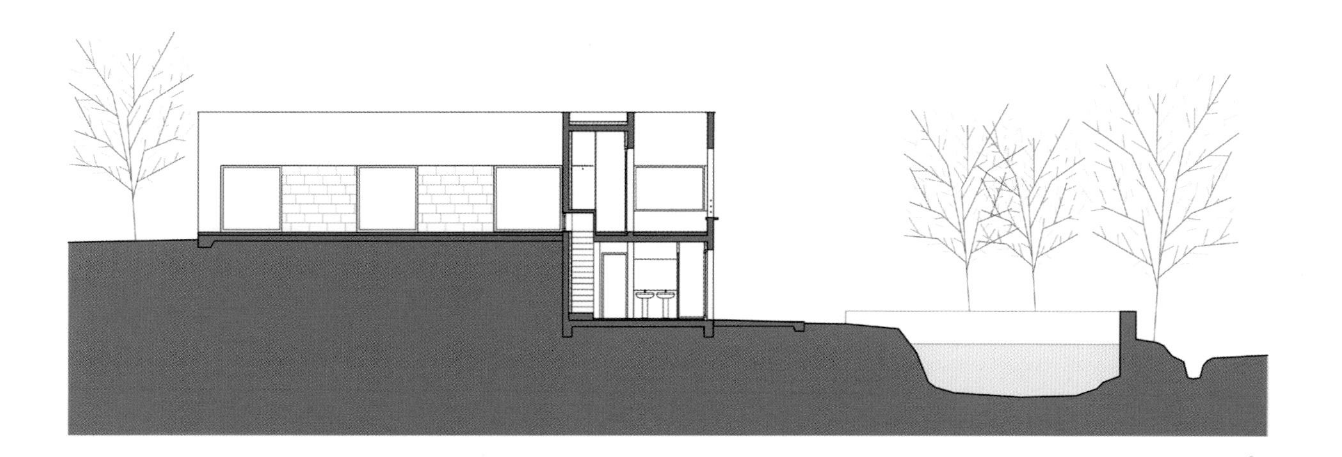

2

3

4.H House 的鱼池庭院
5.H House入口庭院(左侧是柱廊，右侧是旧农舍)
6.H House内庭院与建筑立面
7.H House与周边环境

6

VICTOR HUGO HOUSING

建设地点：蒙特勒伊(Montreuil)

法国巴黎(Paris, France)

建成时间：2005年

建筑面积：7635m²

这是一栋位于巴黎市郊蒙特勒伊中心地区的综合住宅楼。设有48套私人住宅和46套社会福利住宅。

该设计努力改善现有风格杂乱的城市空间，在表现出基地的自然地形特点的基础上，尝试使街道和都市街区的中心绿地之间变得通透贯通，从而让绿色景观渗入城市。

该设计预先将这些绿化空间作为市民公园进行考虑。两栋建筑共用一个入口、一个大型的室内花园和一个地下停车库。其中有14套公寓朝向维克多·雨果大街。

*法国贝利与克罗斯建筑事务所供稿

1

2

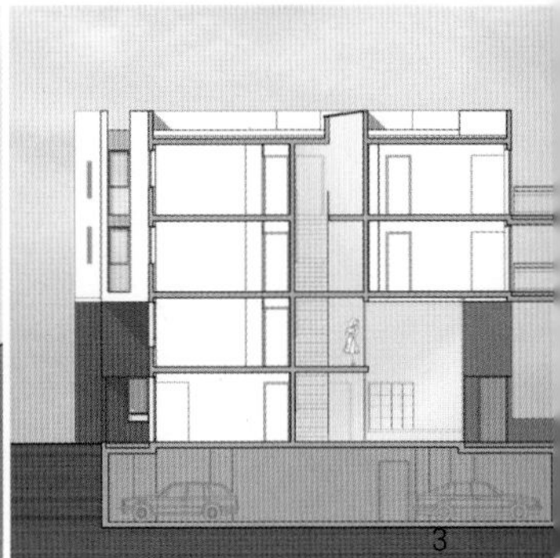
3

1. VICTOR HUGO 住宅楼平面
2. VICTOR HUGO 住宅楼立面
3. VICTOR HUGO 住宅楼剖面
4. VICTOR HUGO 住宅楼外观

大学生住宅论文及设计作品竞赛

创意设计·创意家居·创意生活

《住区》 中国建筑工业出版社
清华大学建筑设计研究院联合主编
深圳市建筑设计研究总院有限公司

《住区》为政府职能部门，规划师、建筑师和房地产开发商提供一个交流、沟通的平台，是国内住宅建设领域权威、时尚的专业学术期刊。

主办单位：《住区》

《住区》大学生住宅竞赛参赛细则

一、奖项名称

《住区》学生住宅论文奖

《住区》学生住宅设计奖

二、评奖期限

一年一度

投稿日期：每年1月1日—11月1日

评奖时间：每年11月1日—11月15日

颁奖时间：每年11月底

获奖论文及设计作品在《住区》上刊登，并在每年年底汇集成册，由中国建筑工业出版社出版，全国发行。

三、评奖范围

全国建筑与规划院校硕士生、博士生关于住宅领域的论文或者住宅设计作品。

四、参与方式

全国建筑与规划院校住宅课的任课老师推荐硕士生、博士生关于住宅领域的优秀论文或者住宅设计作品。

全国建筑与规划院校博士、硕士生导师推荐硕士生、博士生关于住宅领域的优秀论文或者住宅设计作品。

全国建筑与规划院校博士生、硕士生自荐其在住宅领域的优秀论文或者住宅设计作品。

五、评选机制

评选专家组成员：《住区》编委会成员及栏目主持人

六、参赛文件格式要求

住宅论文类

1.文章文字量不超过8千字

2.文章观点明确，表达清晰

3.图片精度在300dpi以上

4.有中英文摘要，关键词

5.参考文献以及注释要明确、规范

6.电子版资料一套，并附文章打印稿一份（A4）

7.标清楚作者单位、地址以及联系方式

住宅设计作品类

1.设计说明，文字量不超过2000字

2.项目经济指标

3.总图、平、立、剖面、户型及节点详图

4.如果是建成的作品，提供实景照片，精度在300dpi以上

5.电子版资料一套，打印稿一套（A4）

6.标清楚作者单位、地址以及联系方式

七、奖项及奖金

个人奖：

1.论文奖：

金奖一名

银奖两名

铜奖三名

鼓励奖若干名

2.设计奖：

金奖一名

银奖两名

铜奖三名

鼓励奖若干名

学校组织奖：学校组织金奖一名

八、组委会机构

主办单位：《住区》杂志

承办单位：待定

九、组委会联系方式

深圳市罗湖区笋岗东路宝安广场A座5G

电话：0755-25170868

传真：0755-25170999

信箱：zhuqu412@yahoo.com.cn

联系人：王潇

北京西城百万庄中国建筑工业出版社420房

电话：010-58934672

传真：010-68334844

信箱：zhuqu412@yahoo.com.cn

联系人：费海玲

北京郊区住宅空间拓展研究

Housing spatial expansion mechanism in suburban Beijing

杨 明 王忠杰 魏东海 *Yang Ming, Wang Zhongjie and Wei Donghai*

[摘要] 本文从住宅郊区化的时空变化入手，分析总结住宅郊区化的动力机制和空间拓展的各种模式及其利弊。

[关键词] 北京、郊区住宅、空间拓展

Abstract: *The paper examines the suburbanization of Beijing in terms of time and space, analyzes the mechanism behind housing suburbanization, and generalizes its different spatial expansion patterns, as well as their advantages and disadvantages.*

Keywords: *Beijing, suburban housing, spatial expansion*

1984年彼得·霍尔(Peter Hall)提出了著名的城市演变模型。在这个模型中，他把城市演变分为6个阶段，依次是"流失中的集中"、"绝对集中"、"相对集中"、"相对分散"、"绝对分散"、"流失中的分散"。该城市演变模型为郊区化研究提供了阶段鉴定理论。相对分散阶段，城市中心区人口增长速度低于郊区，这是郊区化的前兆；绝对分散阶段，城市中心区人口出现负增长，人口向郊区迁移，这是开始进入郊区化的典型标志。

欧美发达城市的郊区化主要发生在20世纪50～70年代，针对北京这一特大城市郊区化的研究，周一星教授1996年借鉴国外的研究方法，采用1964年第二次、1982年第三次和1990年第四次人口普查资料，按照城市中心区、近郊区、远郊区分析了人口的增减趋势，最后得出了北京人口郊区化开始于80年代的结论[1]，而住宅郊区化的时间则发生在90年代[2]。住宅郊区化是当前北京城市郊区化的主要形式之一，随着城市的进一步扩张，这一步伐仍将加快。

一、 北京郊区化的变化特征

1.人口郊区化趋势

北京市的人口变化，从20世纪80年代就已形成"中心区人口减少、近郊区快速增长、远郊区人口低速增长"的区域差异格局，90年代则延续了这种格局，并更加剧烈。

1982、1990和2000北京市不同地域的总人口数量和人口密度 表1

指标 地区	人口数量(万人)			人口密度(人/Km^2)		
	1982年	1990年	2000年	1982年	1990年	2000年
中心四区	241.8	233.7	211.5	27763	26826	24278
近郊四区	284.0	398.9	638.9	2214	3110	4980
远郊十区	397.2	449.3	506.6	256	289	326
市域	923.0	1081.9	1356.9	546	640	802

资料来源：根据北京市第四次与第五次人口普查资料整理

1982、1990和2000北京市不同地域的人口变化情况 表2

指标 地区	1982～1990年人口变化			1990～2000年人口变化		
	增长量(万人)	增长率(%)	年均增长率(%)	增长量(万人)	增长率(%)	年均增长率(%)
中心四区	−8.1	−3.38	−0.43	−22.2	−9.50	−0.99
近郊四区	114.9	40.46	4.34	240	60.15	4.82
远郊十区	52.1	13.12	1.55	57.2	12.73	1.21
市域	158.9	17.21	2.00	275	25.42	2.29

资料来源：根据北京市第四次与第五次人口普查资料整理

从1982、1990和2000年的三次人口普查可以看出，从北京市域内部来看，不同阶段、不同地域的人口增长存在极大差别。中心四区在1982～1990年间人口减少8.2万，增长率为－3.38%；1990～2000年人口减少22.2万，增长率为－9.50%。近郊四区2000年达639万人，比1990年的399万增加了240万，增幅达60.15%，已占全市近一半的人口。近郊区人口的大幅度增长，主要是外地来京人员的大量涌入和城区人口的迁入造成的。远郊十区县2000年共有506.6万人，与1990年相比，增加了57.2万人，增长了12.73%，但是占总人口的比例却下降了4.2个百分点。

从上述数据可以看出，城市中心区自20世纪80年代以后至2000年，人口增长表现出明显的减少趋势。而近郊四区在这一时期，承载了约80%的人口增长。城区人口的减少和近郊区人口的快速增长，主要是由于城区改造拆迁，居民疏散至近郊区的结果和外地来京人员的大量涌入造成的。远郊区人口的增长比较缓慢。

2.住宅郊区化趋势

伴随着人口郊区化，城区住宅呈现向郊区扩散的趋势。从北京市1992～2002年各区县住宅用地供应比重构成看，近几年主要住宅用地的投放集中在海淀、朝阳、通州、顺义、昌平、大兴等地，占全部住宅用地供应的80%。其中近郊的通州、顺义、昌平、大兴的住宅用地供应量的增幅较大，而海淀的住宅土地供应逐步向西部和北部郊区方向拓展，且增幅逐年下降。从2000年以后的住宅用地供应比重增幅来看，未来住宅供应的方向主要集中在远郊区的通州、顺义、昌平、大兴等地。

北京市1992年～2002年各区县住宅用地供应量所占比重　　表3

年份	1992	1993	1994	1995	1996	1997	1998	1999	2000	2001	2002
东城	0.00	0.88	0.08	0.00	1.74	0.62	1.96	1.00	1.97	1.26	0.81
西城	0.00	2.64	0.49	0.52	2.36	0.51	1.48	1.77	0.86	2.00	1.20
崇文	0.00	0.10	1.58	0.00	0.00	1.61	2.53	2.33	0.90	1.21	1.18
宣武	0.00	0.00	0.00	0.35	2.94	0.63	2.93	3.16	2.57	2.15	0.97
朝阳	2.34	15.51	13.12	14.56	2.99	23.70	16.46	24.85	25.47	27.59	22.33
海淀	0.00	11.05	5.48	2.14	14.86	5.28	19.56	17.93	19.86	17.41	12.67
丰台	0.00	1.99	2.98	2.57	13.52	3.07	11.15	6.79	10.00	8.69	5.95
石景山	0.00	0.14	0.00	0.00	0.00	0.46	0.00	3.32	2.06	1.77	0.88
门头沟	0.00	0.00	0.00	0.48	0.00	8.26	0.00	1.38	0.23	0.35	0.49
房山	0.00	0.00	15.62	7.26	0.00	27.71	5.21	0.88	2.01	2.08	4.58
通州	0.00	15.16	8.72	9.86	14.99	6.81	8.79	1.95	3.17	4.45	8.51
顺义	97.66	24.96	26.68	14.78	5.94	5.93	0.00	12.44	2.67	7.59	13.12
昌平	0.00	17.57	13.61	13.42	3.94	1.64	8.63	11.32	10.70	5.02	11.41
大兴	0.00	7.07	10.35	27.54	8.67	9.61	7.43	6.02	10.31	9.61	10.61
怀柔	0.00	2.37	1.25	5.75	17.18	2.23	6.70	4.02	2.42	4.64	1.29
平谷	0.00	0.00	0.00	0.00	0.00	1.22	1.65	0.00	3.13	0.86	0.82
延庆	0.00	0.26	0.06	0.70	10.83	0.70	4.94	0.86	1.58	2.06	2.43
密云	0.00	0.00	0.00	0.08	0.04	0.00	0.59	0.00	0.11	1.26	0.74

资料来源：北京市国土局，北京用地属性数据（1992年～2002年）

二、北京住宅郊区化的动力机制

1.中心区人口密度过高同居住用地供给紧缺之间的矛盾

根据第五次人口普查的数据，城区人口密度为24282人/km^2以上，是近郊区人口密度的5倍，远郊区人口密度的10倍。人口和建筑过度密集导致中心区生态环境和交通环境恶化，道路交通拥挤状况十分严重，构成了"住宅郊区化"的实际需要。随着人口的增加和经济社会的快速发展以及中心区土地利用结构的调整（强化服务业，削减居住用地），中心区的可开发利用的土地资源明显不足。城区居住用地供给紧缺成为住宅郊区化的直接动因。

2.土地使用制度及住宅福利政策转变的影响

市场经济条件下，土地实行有偿使用制度的改革是推动城市居住房地产区位由中心区向郊区演变的重要推动力之一。中心城区的土地使用价格日渐高涨，而城市郊区较充裕的后备土地资源和较低的土地价格，成为房地产开发商寻求新发展空间的首选区域。另一方面，从1998年始，政府推出货币分房的政策，居民住房不再由国家单位分配，而实行自行购买制度，北京作为我国的首都，城市区位较好地区的房价水平往往并不仅以本地居民支付能力作为依据。这样，没有了福利分房，普通居民只能将目光投向更远的城市郊区。

3.城市社会经济的发展

北京市在1992版总体规划中便明确提出了"人口和产业"的两个转移。北京经济发展逐渐向附加值高的高科技产业转移，随着大量工业企业的搬迁，数量巨大的就业岗位及被抚养人口也随之外迁。

此外，随着社会经济的进一步发展，居民收入水平的大幅度提高，人们对于居住产品的要求也趋之多样化。这也形成了在经济社会发展到了一定阶段之后住宅郊区化的一种新的推动力。

4.居住环境的差异与第二居所郊区化

北京旧城区人口过密、住房面积狭小、交通拥挤、空气流通不畅、环境质量差，而郊区化有相对更宽敞的居住面积和良好的生活环境，人们对居住环境的追求也拉动了北京居住郊区化的进程。

5.公共交通的发展

根据国际经验，高效、低污染和密集的公共交通网络，尤其是地铁和轻轨是解决特大城市交通问题的有效途径，也是带动城市发展和郊区城市化进程的最主要手段之一。

在北京，随着环线公路、放射线公路体系的不断完善以及城市轻轨的不断扩张，城市公共交通郊区化的趋势也发展迅速。城市轨道交通的运营让许多中低收入家庭有了在郊区购房的可能，成为住宅郊区化的主力军。

6.私人小汽车的普及

随着经济的发展和人民生活水平的提高，私人小汽车的普及加快，成为住宅郊区化的主要动力源。

私家车的高占有率必将推动职住分离和住宅郊区化现象愈演愈

烈。相比其他传统的交通工具，私家车活动范围更加宽泛，富裕阶层和中产阶层可以迁往城市外围以躲避城市公害，对于上班族来说，城、郊房价的巨大落差和小汽车价格的相对走低，使其宁愿在郊区购置一套住房外加一辆小汽车的选择成为普遍现象。

7.郊区本地城市化

随着社会经济的进一步发展，在区域统筹发展、城乡一体化发展、逐步缩小城乡差别的背景下，城市近郊农村地区不仅越来越多地成为各种外迁城市型产业和人口的承载地，同时也迎来了自身发展的良好机遇，小城镇以及近郊农村居民点成为吸纳周边农村农业转移人口，安置全市大量机械增长人口的重要空间载体。近十几年来，郊区城镇建设用地增量达到了历史最高水平。自1990～2002年，远郊区县城镇建设规模达到500km²，大大超过总体规划的预计[3]。在这样的背景下郊区住宅的发展也获得了强大的增长动力。

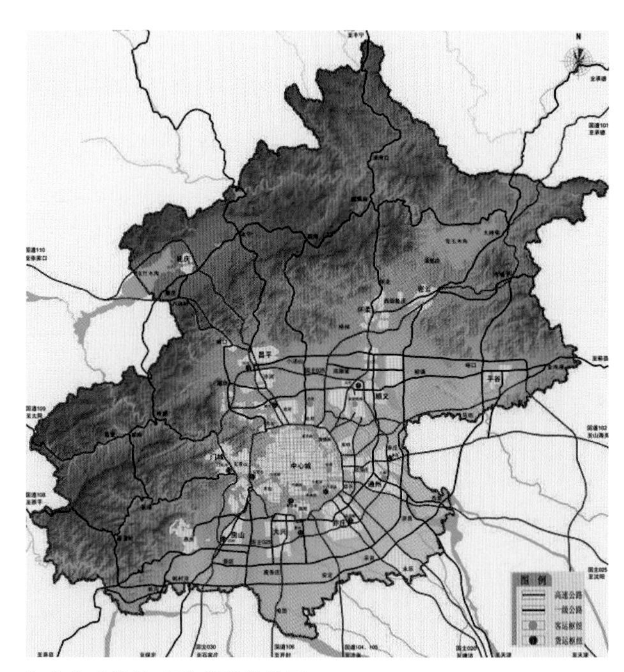

1.北京"放射+环"道路结构图
资料来源：北京城市总体规划(2004年～2020年)

三、北京住宅郊区化的空间拓展模式

道萨迪亚斯（C.A.Doxiadis）在《人类聚居学》中指出，居住空间主要受到三种吸引力的作用，即主要聚居中心（即大城市）的吸引力；现代交通干线的吸引力；具有良好景观的地区的吸引力。[4]根据情况不同，住宅空间的拓展一般优先选择交通可达性好、环境优美或服务方便的区域，相应表现为三种拓展的模式：TOD模式（交通主导）、EOD模式（环境主导）、SOD模式（设施主导）。

1.TOD模式

(1)概念

TOD（Transportation Oriented Development）模式：以交通为导向而发展的社区。便捷的交通条件对居住空间的拓展具有明显的指向作用，城市快速交通干道（轻轨、高速公路、城市快速路）的建设将使沿线地区的交通可达性显著提升，从而带动沿线住宅开发。

(2)北京交通基本结构

北京目前已经形成了"放射+环"的交通骨架。环路包括：二、三、四、五及六环。放射路主要包括：京昌高速公路、京汤公路、京承高速公路、机场高速公路、京通快速路、京沈高速公路、京津塘高速公路、京开高速公路、京石高速公路。并在此基础上建成了地铁1、2、5号线，轻轨13号线、八通线。这些交通设施加快了人口郊区化和郊区住宅空间拓展的步伐，其沿线附近成为大部分郊区住宅的首选之地，体现了交通沿线地区的区位优势及集聚效应。

(3)TOD主导下的拓展模式

郊区住宅的空间拓展在环线、放射线、城市轻轨等三种不同的交通线引导下呈现出三种不同的开发模式。

a.沿交通环线的同心圆拓展模式

1923年，伯吉斯（E.W.Burgess）在他的同心圆土地利用模型中，从社会阶层分异的角度指出了住宅以城市中心区为核心，自内向外作环状拓展，但忽略了城市交通这一动态因素对住宅分布的影响。北京住宅空间的拓展受环路的影响而表现出比较明显的圈层拓展格局，即住宅建设由城市中心区沿环线道路逐渐向外扩散。

通过对1996～2002年期间北京住宅用地出让资料的分析，可发现北京住宅郊区化表现为上述的同心圆分布规律。从右图可以得出：二环路圈层受旧城保护、建设强度控制的影响，开发商在无利可图的情况下，通过市场行为进行大规模开发的商品住宅比较少，出现减缓甚至停滞的现象。三环路至四环路的环状地带在1997年至1999年期间成为普通商品房开发最集中的地带，并且在开发规模上较1996年有跳跃式的增长。笔者认为这一现象同1998年住房政策改革有关，普通居民在福利分房无望的情况下，私人购房的增加带来商品房开发建设激增。随着三环路圈层的迅速开发和空间的限制，1999年后四环和五环成为房地产开发的主战场，并且随着时间的推移，五环沿线有成为开发的主导区域的趋势，这一现象同该区域的基础设施建设和社会经济的快速发展密切相关。

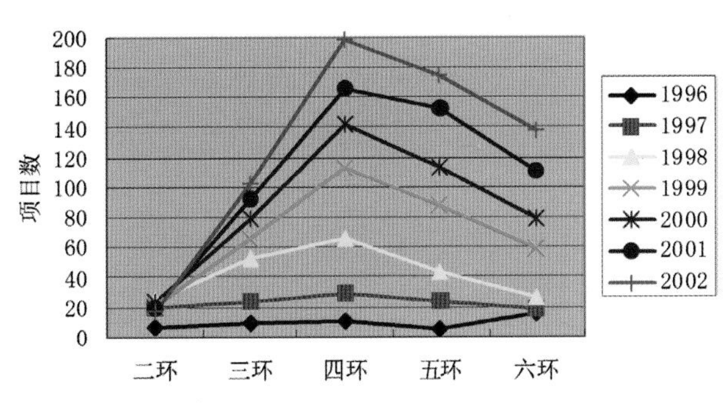

2.北京沿环路住宅出让项目量

资料来源：根据市国土局数据整理

同心圆式的圈层拓展是我国现阶段大城市居住空间拓展的典型方式，这种拓展方式与城区趋于连绵成片，形成城市边缘地区，其优点是可充分利用城区设施、经济投入最低，同时使城市紧凑度高，可获得较高的集聚效益。但缺点是居住用地的蔓延易使城市形成“摊大饼”式的扩张，造成城市边缘区生态绿地及农田的大面积被侵占。

b.沿交通放射线的扇面拓展模式

1939年，霍伊特（H.Hoyt）提出的城市扇形结构模型认为，各类城市用地倾向于沿着主要交通线路和自然障碍物最少的方向由市中心向郊区扇形发展，以利用便捷的交通最大限度地享受城市主要社会公共设施的辐射。近十几年来，北京住宅空间发展趋势之一是沿主要交通干线呈放射扇面向郊区发展。目前，相对成熟的住宅扇面有以下几个：京昌高速公路扇面、京汤公路扇面、机场高速公路扇面、京通快速路扇面、京开高速公路扇面等[5]。

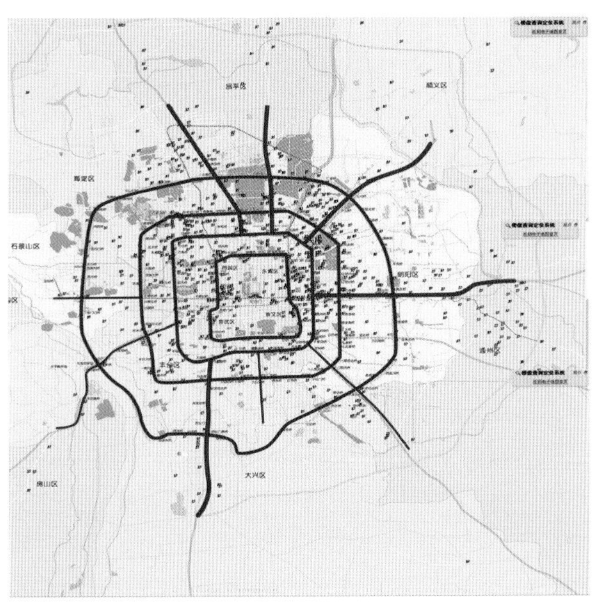

3.楼市同城市道路的关系图

京昌高速公路扇面是指沿北京到昌平区的高速公路向西北方向延伸的住宅扇面。目前沿线已形成南沙滩、北沙滩、清河、小营、西三旗、西二旗、回龙观等居住区，是发展相对较早和较成熟的居住带。

京汤公路扇面是指从亚运村北到小汤山向正北向拓展的住宅空间，现有轻轨13号线和地铁5号线穿过。目前沿线已形成安慧里、亚北、北苑、立水桥、天通苑等居住区，是90年代以来发展最快的居住带之一。

机场高速公路扇面是指沿机场高速公路向东北方向延伸的住宅空间，沿线已形成酒仙桥、望京、东郊农场等居住区。

京通快速路扇面是指沿京通快速路向正东方向延伸的住宅空间。沿线现有通惠家园、远洋天地、兴隆家园、定福庄等居住区，小区规模普遍较大。

京开高速公路扇面是指沿京开高速公路向南延伸的住宅空间。京开线是中心城与大兴新城最重要的交通干线，近年来，该扇面住宅空间的拓展与其低廉的地价、大量的后备住宅用地，以及交通条件的改善等有关，在新发地、西红门、大兴工业区等地新建了一批居住区。

总体来说，北京交通放射线对郊区住宅空间的拓展起到了极大的促进作用，沿放射线拓展的优点在于能通过控制居住区选址与城市发展的主轴相一致，有效控制郊区化过程中居住区的盲目开发，可以推动整个城市空间的合理拓展和边缘区经济的发展。其缺点是易形成沿线居住区的低密度蔓延，土地利用率低等现象。

c.沿城市轻轨“葡萄串”生长模式

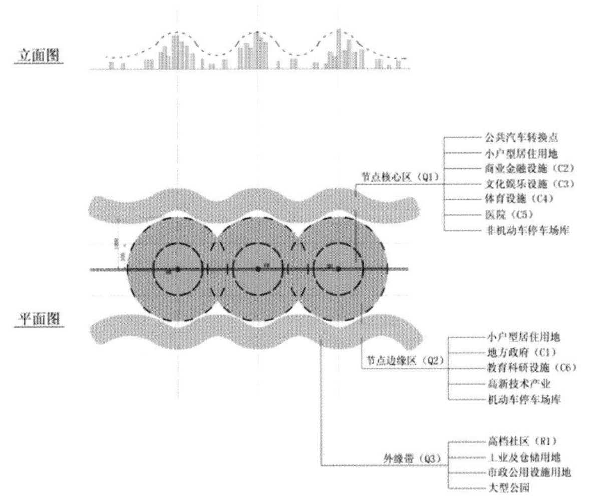

4.轨道站点周边用地布局模式及开发强度图

轨道交通同小汽车一样，加速了住宅郊区化的进程。但由于运行速度、乘客容量、停靠间距等诸因素的巨大差异，小汽车与高速公路组合形成的是一个松散的、低密度的住宅开发模式，而轨道交通则相反，往往带来的是以轨道线路为轴线，在站点周边形成高密度、紧凑型开发特征的"葡萄串"式的成长模式。在国外成功的建设实践中，往往体现了如下的TOD原则：高层、高密度、小户型的公寓式住宅同商业、文化等公共服务设施、交通换乘设施混合布置在站点周边的步行范围内，以满足对公共交通比较依赖的群体需求。而针对高收入群体的低层、低密度的高档社区则主要布置在站点外缘或距离轨道交通更远的地区。

随着北京轨道交通的大力发展，轨道交通对房地产开发的导向性逐渐明显。以轻轨13号线为例，其地域跨度较大，地处郊区，对沿线的房地产开发具有明显的导向作用，使得沿线周边已有的房地产项目也热了起来。并且，其沿线的房地产项目的建筑总量逐年递增，且幅度较大。

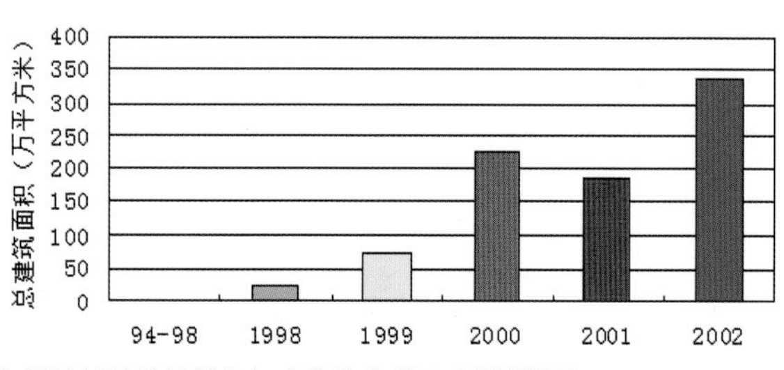

5.轻轨13号线沿线各年度房地产项目建筑面积图
数据来源：引导北京房地产发展的规划策略与调控措施

同时住宅开发用地规模随距离增大而递减，说明轻轨对住宅的开发有明显影响，也体现了上述TOD的原则。同样以轻轨13号线为例，从图5看，其周边住宅项目年度用地面积中2002年规模变化的规律性较好，用地面积随距离增大而减小；2003年用地面积与距离基本呈递减趋势，这和2002年轻轨建成投入使用有关。比较年度的开发数据，距离轻轨0～0.5km范围的开发规模在2003年上升，2004年下降。2002年轻轨13号线建成通车，促进了周边房地产的开发，使2003年开发规模增大。

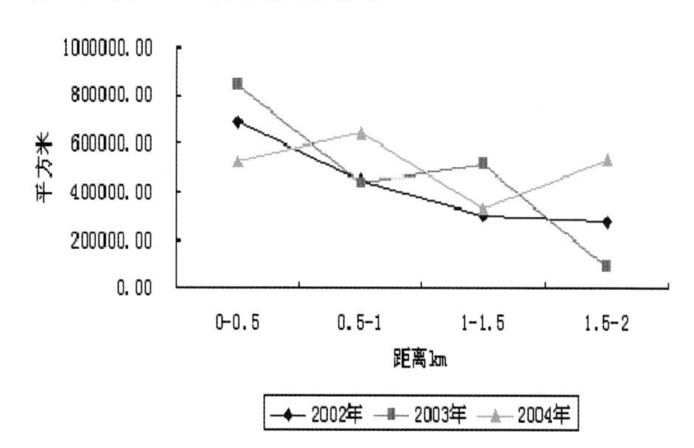

6.轻轨13号线周边住宅项目宗地面积年度变化
数据来源：北京市主要交通线路沿线及站场周边房地产开发用地研究

从城市发展的规律来看，轨道交通是北京未来发展的一个重要方向。新城、城市周边的边缘集团开发需要大容量交通干线进行连接。只有包括轻轨在内的快速交通线开通以后，中心地区过密的人口向郊区的疏解才有可能，新城也将得到发展，郊区住宅的空间拓展才能实现与城市规划布局的协调。

2．EOD模式

(1)概念

EOD（Environment Oriented Development）模式：结合城市外围自然与人文景观资源发展，基于住区优美环境为主导的住区。随着居民生活水平的提高，对住宅的要求也由量的满足逐渐转向质的提高，环境的优势是今后城市居住空间的基本特征，城郊最大的优势就在于其优美的环境，能为住区开发提供生态支撑的调控系统。

(2)影响北京住宅郊区化的生态环境要素

北京市主要的生态空间格局为山区、平原绿化、生态水系这三个方面。具体体现为以市域西北部的燕山和太行山系为屏障，五条河流(南沙河、温榆河、北运河、潮白河、永定河)汇入，城区环形(两个绿环)与契形绿地(九片绿契)贯穿。

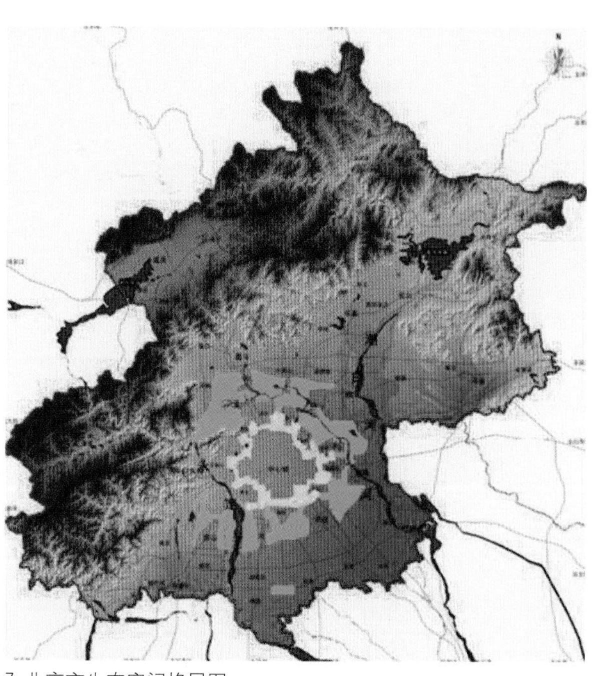

7.北京市生态空间格局图
资料来源：北京城市总体规划(2004年～2020年)

根据近年来的住宅用地分布和北京市住宅建设规划中住宅用地布局的分析，其中影响城市住宅郊区化发展的生态环境主导要素主要有三类：一是北部城市浅山区，主要集中在海淀、昌平、怀柔、门头沟等区域；二是城市沿河流域，主要指城市东部温榆河、潮白河和西部永定河生态走廊区域；三是环城绿化隔离带地区，主要指城市第一道和第二道绿化隔离带，以及现已动工建设的奥林匹克公园周边地区。

（3）EOD主导下的拓展模式

a.城市浅山区的居住拓展模式

城市西北部是北京的上风上水之地，具有丰富的自然资源和人文旅游资源，加之北大、清华等高校和中关村科技园的人文背景烘托，西北部对居住者具有极大的吸引力。尤其是北京主要的高档社区分布地。例如地处西北郊香山公园和北京植物园之间的香山别墅区、西山美墅馆、四季香山、双清别墅等均属于此类项目。

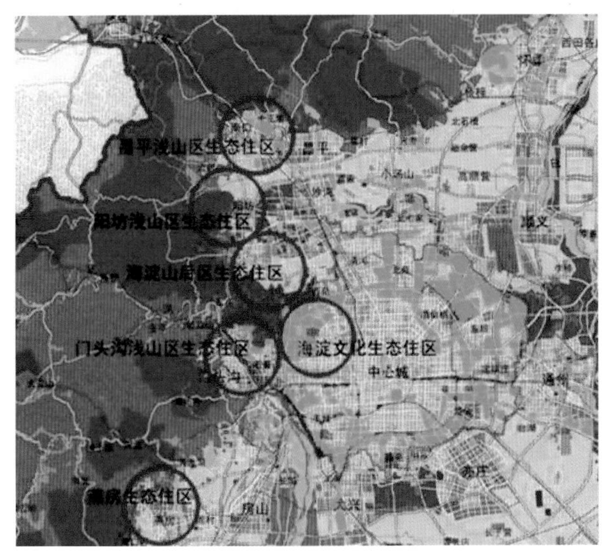

8.浅山区居住组团
资料来源：北京城市总体规划（2004年～2020年）

依据北京城市总体规划（2004年～2020年），未来北京西部规划建设设想为"西部生态带"，使其成为北京地区适宜人居住的优良生态环境地。因此在保护生态环境资源的前提下，合理地引导生态住区的发展，依据总体规划的布局，可形成若干个依山而建的生态居住片区：昌平浅山区生态居住片区、海淀山后生态居住片区、门头沟浅山区生态居住片区以及燕房浅山区生态居住片区。

b.城市近郊沿河流域的居住拓展模式

影响北京住宅分布的主要城市沿河地区有：温榆河绿色生态走廊通州段、顺义段与昌平段；潮白河生态走廊密云段与顺义段以及永定河生态走廊丰台段与大兴段。

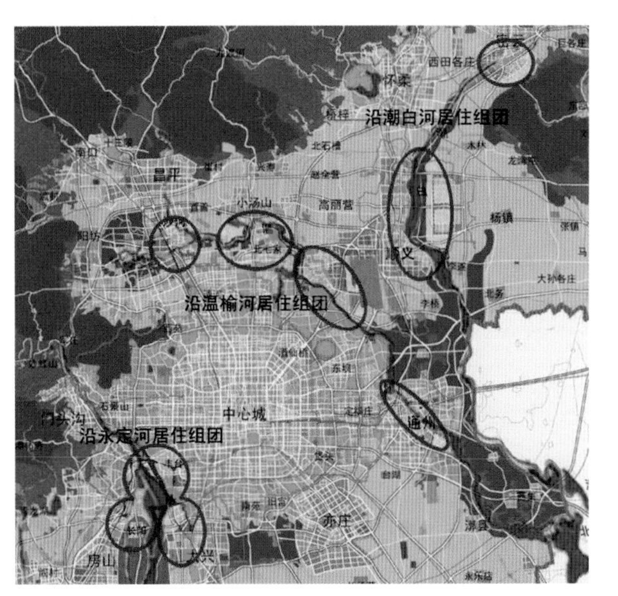

9.沿河居住区
资料来源：北京城市总体规划（2004年～2020年）

温榆河属于北运河上游水系，是北京市五大水系之中惟一发源于本市境内的河流。2002年编制的《温榆河绿色生态走廊规划》，把昌平、顺义、朝阳、通州已有的临河高档别墅连接成一个带，使北京拥有一个与CBD、新老使馆区及中关村相对应的高水准的居住区。目前整个温榆河两岸已有22个度假区、水上乐园等组团。

潮白河是北京市重要的水源采集区，其大面积林水相依的独特景观，为城市周边郊区住宅的发展奠定了良好的自然环境。政府已预投资10亿元进行开发建设潮白河旅游度假区，沿度假区周边陆续开发建设一批度假别墅和高档住宅。

永定河千百年来一直承担城市的防洪安全功能，经过综合治理，其将成为北京西南郊最大的生态带。根据北京城市总体规划，沿永定河在丰台、长阳、大兴等城市周边地段规划了大规模的居住用地，永定河生态走廊周围地区将成为北京西南地区最具活力的居住区。

c.环城绿化隔离地区的居住拓展模式

城市第一道绿化隔离地区位于四、五环，规划面积241km^2，是北京市城市总体规划为实现"分散集团式"布局，在市中心地区与边缘集团之间以及边缘集团与边缘集团之间保留的绿化地带。绿化隔离地区内的环境条件好，带动了周边地区房地产的开发；第二道绿化隔离地区位于五环路和六环路之间，涉及朝阳、海淀、石景山等十个区，成为市区与新城之间的绿化空间，规划总面积达1650km^2。

10.第一道绿化隔离地区
资料来源：北京城市总体规划(2004年～2020年)

根据近几年的房地产项目销售和开发，依托城市绿化隔离带的项目更具有市场优势。根据2004年房地产项目的分布看，在安家楼、太平庄、大郊亭、南磨房、南苑北、菜户营、小瓦窑、六郎庄、清河9片区域内的绿化隔离带附近，共有项目52个，总占地面积为6.06km^2，占绿化隔离带总用地的3%。在万柳地区，亚奥运公园及南三环玉泉营环岛等地区房地产开发比较多[5]。

郊区住宅的EOD拓展模式主要是利用良好的环境来吸引住宅的建设，所开发项目大多数为大户型、低密度的别墅类住宅。在"国六条"和国家限制别墅类住宅开发的政策背景下，EOD模式的开发量必将大幅度削减。

3. SOD模式

(1)概念

SOD(Service Oriented Development)模式：基于生活服务获得的便利性，依托城市的边缘住区和城郊城镇、开发区、机关院校以及城郊大型服务设施等布局的居住区开发。此类地区通常为城市优先发展地区，在政策支持下，各区域（通常是各区县都有自己的优先发展地区）集中优势力量集中优先发展，在基础设施建设、产业发展方面往往有着其他区域不可比拟的先发优势和集聚条件，生产和生活条件具有较高吸引力，因此也成为了郊区住宅发展优先选择的区域。

(2)城市中心区外围城镇及功能区布局特征

自1992版总体规划实施以来，北京市域"分散集团式"的空间结构得到逐步地落实和加强，10个边缘集团和14个卫星城的逐年建设，形成了中心城外围主要的空间骨架和生产生活的载体。2003年14个卫星城城镇人口达到220万人，占全市城镇人口的19.3%。10个边缘集团更成为自2000年以来城市新增住宅用地的最主要空间承载地。2004版总体规划更在边缘集团和绿隔地区规划了310万人，占规划城镇常住总人口的36.5%[9]。依托边缘集团、边缘城镇、开发区、科技园区、卫星城－新城等空间载体，并配置商业、服务业、医疗卫生、会展体育等公共服务设施，必将带来中心区人口的大量外迁和城市进一步的郊区化。

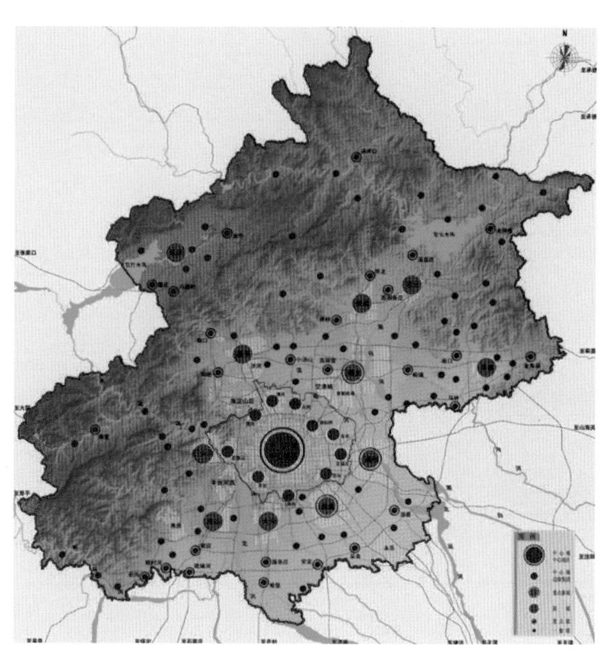

11.北京市城镇体系规划图
资料来源：北京城市总体规划(2004年～2020年)

(3) SOD主导下的拓展模式

a.依托边缘集团及近郊城镇的住宅开发

边缘集团及近郊城镇在空间与交通区位上有着其他地区不可比拟的优势，也是城市交通及市政基础设施最先完善的地区，在城市住宅郊区化的过程中，总体上讲是成本较低、基础较好、市场接受度最高的地区，目前也是新增住宅最为密集的地区。

b.依托大型开发区、科技园区的住宅开发

随着城市外围科技密集、劳动密集产业以及工业园区、大学城的布局与建设，近10年来城市近郊区也形成了特定人群聚集的住宅区。依托中关村产业园区以及众多著名高校，形成了海淀山后板块、上地－清河板块等以高新基础产业从业人员、高校教师、科研人员等素质较高的高知住宅集中区；丰台西南四环总部基地附近，伴随着大量企业的进驻，就业人口的增加，对周边住宅建设也起到了巨大的拉动作用；亦庄地区，依托北京经济技术开发区巨大的产业聚集能力，吸引了大量管理、商务、科技以及相关产业工人在此就业、居住。东北部望京及机场高速沿线，由于毗邻机场以及空港物流加工区，也日益成为了商务、管理、高收入人群以及外籍人士的聚集区，带动了整个地区的住宅建设。

c.依托卫星城——新城的住宅开发

卫星城——新城一直以来都是中心城人口外迁和本地区城镇人口的重要载体，其住宅建设随着人口的增加，开发量、住宅类型、住宅品质都不断地得到加大和提升，区位条件、环境条件较好的卫星城更是成为近年来住宅开发的热点地区。

郊区住宅的SOD拓展模式是在设施带动下的住宅布局模式，带有明显的计划性和目的性，对于新区的形成和城市结构的调整具有较强的支撑作用，是引导城市人口和空间合理有序分布的有力手段。从城市化角度考察，SOD模式下的城市新增住宅，在解决城市新增外来人口和本地农村转化人口的居住安置方面功不可没。同时，依托产业或设施形成的类型化人口聚集对于本地区中心产业的发展也起到了促进和保证的作用，一定程度上也缓解了就业与通勤的交通压力。但必须看到的是，在这种模式下的住宅建设，与中心城区相比往往都带有建设周期短、建设规模大的特点，故而存在着住宅类型单一化，居住人口的年龄、职业结构不合理，服务设施特定时期内压力巨大（基础教育设施尤为明显）等短期内无法解决的矛盾。

*课程指导老师：张杰

参考文献

[1] 刘晓颖.北京大都市住宅郊区化的基本特征与对策.城市发展研究，2001，8（5）：7～12

[2] 刘长岐，甘国辉，李晓江.北京市人口郊区化与居住用地空间拓展研究.经济地理，2003，23（5）：666～670

[3] 刘文忠，刘旺.北京市住宅区位空间特征研究.城市规划，2002，26(12)：86～89

[4] 邹卓君.大城市居住空间拓展研究.规划师，2003,19(11)：108～110

[5] 北京城市总体规划(2004年～2020年)社区发展研究专题、北京住房政策研究专题、北京市社区发展规划专题、北京市住宅发展规划研究专题

[6] 北京市住宅建设规划(2006年～2010年)总报告、北京市住房发展目标研究专题、空间布局专题研究专题

[7] 北京房地产网

[8] 北京市土地利用总体规划(2005年～2020年)．北京市房地产开发用地调查及研究专题

[9] 北京用地属性数据(1992年～2002年)

注释

1.周一星.北京的郊区化及引发的思考.地理科学，1996，16（3）：198～206

2.刘晓颖.北京大都市住宅郊区化的基本特征与对策.城市发展研究，2001，8（5）：7～12

3.北京大学课题组.房地产健康发展的规划策略与调控措施，2004

4.吴良镛.人居环境科学导论.北京：中国建筑工业出版社，2001.263

5.刘文忠，刘旺.北京市住宅区位空间特征研究.城市规划，2002，26(12)：86～89

作者单位：杨　明，北京市城市规划设计研究院

王忠杰 魏东海，中国城市规划设计研究院

何乐而不用干墙？

Why not dry-wall?

楚先锋 *Chu Xianfeng*

[摘要] 本文以新加坡采用的轻钢龙骨石膏板为例，结合万科与拉法基公司在上海新里程的干墙试点工程，详细阐述了"干作业"相比传统"湿作业"的优良特性，并通过详实的数据比对，证明了"干墙"的广泛应用将带来可观的成本节约和价值提升，值得关注和推行。

[关键词]干作业、湿作业、干墙、轻钢龙骨石膏板

Abstract: *Citing the application of light steel keel gypsum in Singapore, together with a pilot project by Vanke in Shanghai, the paper depicts in details the advantages of "dry-work" compared to the conventional "wet-work". By giving statistical comparison, it demonstrates the costs reduced and value increased by wide application of "dry-wall" methods.*

Keywords: *dry-work, wet-work, dry-wall, light steel keel gypsum*

"干墙(Dry－Wall)系统"这个概念来源于新加坡，它指的是采用干法施工的墙体，和现场湿作业完成的砌筑墙体相对。

砌筑墙体一般来讲是采用砖、砌块等块材用砌筑砂浆在现场砌筑而成，墙面再做抹灰和内外饰面。由于砌筑砂浆和抹灰砂浆均是在现场加水搅拌而成，整个墙体砌筑过程均是在湿环境下作业，故称之为湿作业。当然，不光是墙体，现浇梁、现浇柱、现浇楼板或现浇剪力墙等现浇混凝土作业也应该是湿作业。湿作业的核心问题在于现场的质量控制问题。

首先，现场施工质量与人的因素密切相关。一是因为它和工人的"手艺"好坏有关系，传统的技术工人可以被称为"匠人"或"手工艺人"，手艺好的工人做出来的活，质量就好，手艺差的工人做出来的活，质量就差。况且，建筑工人多半是农民工，手艺水平本来就参差不齐，所以这个问题容易理解。二是因为它和工人的心情有关，和工人的责任心有关。即使是手艺好的工人，如果他今天心情不爽，责任心就会降低，施工质量就会下降。上述两个"人"的因素导致了现场施工质量的波动——即质量的不稳定性。

其次，现场的施工质量因粗放式的管理，过程控制不力，导致隐性质量问题较多。从砌块之间的砌筑砂浆开始，人工进行砂浆配比可能会造成误差，人工砌筑时可能会造成粘贴砂浆的饱满度不均衡，人工抹灰可能会造成比较大的平整度误差等等，并且每一道工序都会将前一道工序覆盖掉，使质量检查变得非常困难，即使是有建立和质检部门不定时进行质量抽查，也必然造成隐性质量缺陷的大量存在。

最后，是一些客观原因。一是材料之间的相容性造成的质量问题，比如密封胶(防水材料、抹灰、油漆等)与基材不相容可能会造成密封防水失效与渗漏、面层脱落等等。比如螺栓、螺钉和基材不相容可能会造成电化腐蚀等等。二是因为天气原因对材料及施工质量造成影响，比

如冬施期间因为加入防冻剂对混凝土造成质量影响，又比如梅雨天气对防水基层及防水层的施工造成的不良影响等等。三是材料本身的问题，比如某些不成熟的新型建材干缩性较大造成裂缝，又比如一些新材料耐候性能较差造成收缩、开裂、脱落等。

和现浇等现场湿作业类似的施工方式也包括了焊接。焊接的许多特点和现场湿作业类似，比如受制于“人”的因素，受制于“焊料”和钢材成份的相容性，受制于严寒、潮湿等天气因素。

和上述“湿作业”相对的是“干作业”。干作业能够或多或少地解决上述湿作业所带来的质量问题，下面我们来具体谈一下。

干作业不是说就没有了湿作业，而是将大部分的湿作业转移到了工厂里面做。同样是湿作业，难道转移到工厂里面去了就能保证质量了吗？答案是肯定的。

首先，工厂里面执行的是制造业的质量管理、控制体系，每一步都有确定的质量检测程序，且检测的手段和工具都比施工现场先进。残次品（住宅部品）很难通过质检而出厂。

其次，操作主体，即工人的素质不同，生活工作处境不同。与现场大量的农民工相比，工厂里面的是产业技术工人，这些工人基本上都接受了专业的技术培训，具有较好的生活保障和工作条件，工人的技术稳定性和人员稳定性从主观上保证了生产质量的稳定性。

第三，工厂里面优良的工作条件，包括设备、设施和场所，可以从客观上保证质量的稳定性。比如，在工厂里面混凝土构件可以采用蒸汽养护、水池养生，确保其强化所需要的条件。又比如，在工厂里除锈、喷漆，可以消除寒冷天气带来的质量问题，消除现场的工作缺陷。我在另外一篇文章《认识误区有几许？》（详见《住区》2007年01期）里面提到了欧文斯·科宁的外墙板安装小配件以及YKK门窗密封条的粘贴方式都是非常好的实例：

……在中国现行条件下，工业化住宅要以技术手段来解决操作问题。曾经听到世界500强企业欧文斯·科宁曾经花费巨大代价研发过一种弹性套垫，垫在固定墙板的钉子下面，防止工人将钉子钉得过紧，损坏墙板。如果没有这种弹性套垫，工人就不一定能够控制得住钉钉子时的力度，也就不能保证墙板不被破坏。我也在YKK AP的工厂里面看到过一种操作工具，通过一种定位装置，即使是处于实习期的女工都可以分毫不差地将垫片粘贴在铝合金窗型材的特定部位。这都是以技术手段解决操作问题的成功案例。工业化技术应该保证每一个工人经过简单的培训就能借助工具保证产品的精度，从而保证产品质量的稳定性。同样的道理，这种原则也适用于我国的工业化住宅生产、建造的各个环节。

而对于焊接这种“湿作业”的方式，可以通过“工厂焊接”、现场用螺栓“装配”来解决。这和其他的预制构件、工厂化部品的生产制造、现场安装相同。

现在我们回过头来看看“干墙”到底是怎么做的。新加坡的干墙主要是轻钢龙骨石膏板的做法，而在韩国和日本等地还有一些采用ALC预制墙板的做法。这两种墙体都是在工厂预制，现场安装，没有现场湿作业，可以说是真正意义上的“干墙”。以下，我就以轻钢龙骨石膏板内墙为例来详细说明一下。

首先来看其在工厂的生产环节。其基本部品构件和主要建筑材料无外乎四种：一是骨架，二是蒙皮——石膏板，三是填充物——吸声棉和保温材料，四是表皮——墙纸（壁纸）。轻钢龙骨是工厂成型、工厂剪切、工厂预穿孔（包括螺栓孔和管线预留孔），在现场拼装成框架。框架龙骨的间距适合石膏板的标准尺寸。石膏板则完全是成品，现场通过螺钉、自攻钉安装不合格的现场可用裁纸刀直接裁切。石膏板之间用专用嵌缝膏嵌缝即可。在石膏板和轻钢龙骨之间采用吸声棉和保温隔热材料填充，可确保房间之间的隔声和保温隔热达到更高的标准。为了消除湿作业以及湿作业带来的质量问题，饰面层一律采用壁纸。整个生产加工与施工过程完全实现干作业。

从干墙的作业过程，我们可以看到它有诸多优点，它消除了湿作业导致问题的诸多不利因素，解决了传统湿作业导致的诸多质量问题。我们可以对照前面干湿作业的优缺点，自己分析一下就会明白，在此我不再赘言。那么对于行业内对干墙的一些误解或者困惑又应该如何解释呢？

首先，有人会认为这种干墙（轻钢龙骨石膏板内墙）的隔声性能不好。其实这完全是一种固有思维习惯的认知误区，通过隔声性能的设计，完全能够达到户内隔声的要求，甚至更高。在新加坡政府推广干墙的宣传片中，一个客户深有体会地说，婴儿在房间睡觉的时候，一定要开着房门，否则，婴儿啼哭的时候，妈妈在客厅会听不见。

其次，有人会认为石膏板怕水，容易受潮、遇水变形、损坏。其实，现在的防水石膏板完全能够解决防水的问题。而石膏板对于房间湿度的调节具有良好的作用。石膏板在房间湿度大的时候吸收湿气，在房间干燥的时候，又可以把水汽释放出来，所以石膏板内墙被誉为“会呼吸的内墙”。当然，对于石膏板用于浴室之类的场所，大家

Buildable Design Appraisal System

The Buildable Design Appraisal System or BDAS was developed by the Building and Construction Authority as a means to measure the potential impact of a building design on the usage of site labour. The appraisal system results in a 'Buildability Score' of the design. A design with a higher buildability score will result in more efficient labour usage in construction and therefore higher site labour productivity.

Buildability Score of the Wall System

The Buildability Score for a particular wall system is computed by multiplying the percentage wall length covered by the wall systems and the corresponding labour saving indices. All wall systems must be accounted for. If a combination of systems is used, then the contribution of each system is computed and summed up to arrive at the Buildability Score (BScores) of the total wall system. The maximum Buildability Scores achieved in Table 2 is 40 points.

Wall Systems - Sw Value

WALL SYSTEM	LABOUR SAVING INDEX S_w	
Curtain wall/full height glass partition/dry partition wall(2)/prefabricated railing	0.70	1.00(1)
Precast concrete panel/wall(3)	0.80	0.90(1)
PC formwork(4)	0.50	0.75(1)
Cast in-situ RC wall	0.50	0.70(1)
Cast in-situ RC wall with prefabricated reinforcement	0.54	0.74(1)
Precision block wall (Internal wall)	0.40	0.45(1)
Precision block wall (external wall)	0.30	
Brickwall	0.30	

Wall systems with higher BScores

Extracts from Table 2 of Code of Practice on Buildable Design, January 2004

The relevant labour saving indices LSI S_w to be adopted in buildability score computation for wall system depend on the wall systems and wall finishes used.

2.各种隔墙系统的Sw指标（数据来源于新加坡政府提供的资料）

各种隔墙系统的性能指标（数据由拉法基公司提供） 表1

隔墙系统名称	厚度(mm)	重量(kg/m²)	耐火极限(h)	计权隔声量(dB)	热阻(m²K/W)	施工工日(工日/100m²)
120砖墙	160	240	3	47.5	0.204	51.7
150厚加气混凝土砌块墙	190	140	5.75	44	0.487	51.9
190厚轻骨料混凝土空心砌块墙	230	216	3.5	54	0.412	56.4
拉法基LP50-201： 50龙骨@600 双面双层12纸面石膏板	98	42	≥1	≥40	0.326	9-10
拉法基LP75-202： 75龙骨@600 双面双层12厚纸面石膏板 25mm厚玻璃棉，容重20kg/m³	123	43	≥1	47.5	0.826	10-11
拉法基LP75-201： 75龙骨@600 双面双层12厚纸面石膏板	123	42	≥1	46.7	0.326	9-10

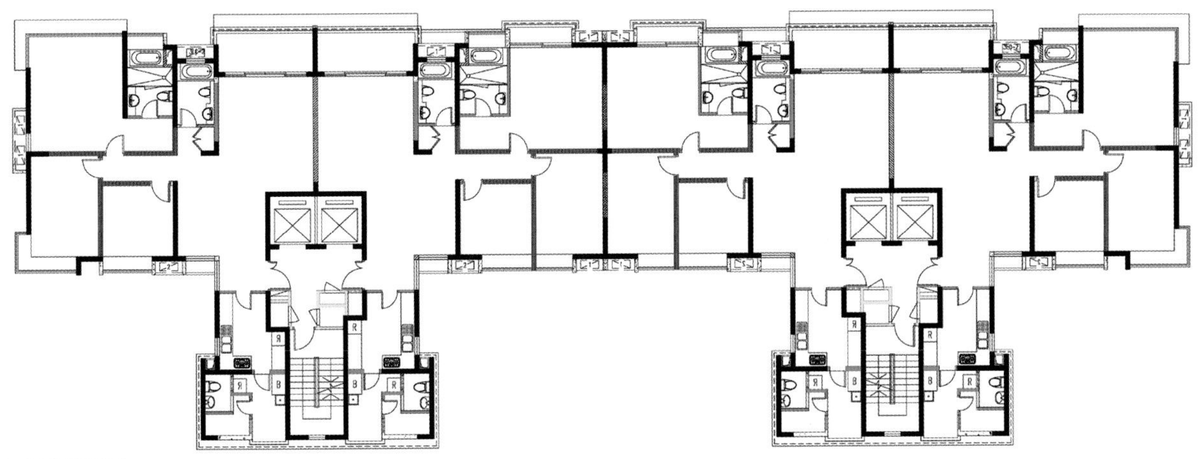

3.标准层平面

还是有所顾虑，为了考虑住户的接受能力，在新加坡干墙的推广也是分为三步来走的。第一步，干墙先用于户内隔墙，但不用于厨房、卫生间的地方，也不用于分户墙和户内空间与公共空间之间的分隔墙。第二步，在大家对于干墙的隔声、保温隔热有了一定的接受程度之后，开始用于分户墙和户内空间与公共空间之间的分隔墙。第三步，才在厨房、卫生间部位采用。

最后，大家也许会认为这种干墙会很贵，这是基于国内工人成本较低，工程质量较差，住宅性能较低的现状而言的，其实这也是惯性思维。因为干墙减少了厚度，增加了使用面积的同时也减轻了自重，另一方面提高了施工效率的同时也提高了施工的质量，且不用说减少了后期的使用维护费用，在前期的投入方面也不比传统的砌筑墙体高。关于效率，新加坡政府在他们的宣传资料上有这么一个计算指标，可以供我们参考。

我们曾经和拉法基公司合作，在上海万科新里程的工业化住宅内做了干墙的试点工程，在做前期研究的时候，拉法基以他们曾经做过的一个实际的住宅工程项目为例给我们算了这样一笔帐：

项目层数：28层

建筑面积：20,020m^2

标准层平面如图3所示。

绿色墙体部分表示原有的砌块墙做法为：150mm厚加气混凝土砌块砌筑，加面层总厚度为190mm，每平方米重量为140kg，可以替换为拉法基LP50—201轻钢龙骨石膏板隔墙系统，总厚度为98mm，每平方米重量为42kg。

红色墙体部分表示原有的砌块墙做法为：190mm厚轻钢龙骨材料混凝土空心砌块，加面层总厚度为230mm，每平方米重量为216kg，可以替换为拉法基LP75—201轻钢龙骨石膏板隔墙系统，总厚度为123mm，每平方米重量为43kg。

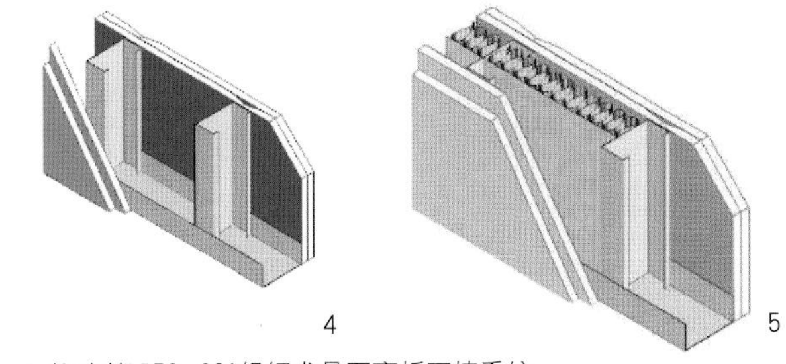

4.拉法基LP50—201轻钢龙骨石膏板隔墙系统
5.拉法基LP75—201轻钢龙骨石膏板隔墙系统

绿色墙体部分替换之后可以增加室内使用面积100.8m^2，减少自重292,880kg，红色墙体部分替换之后可以增加室内面积134.4m^2，减少自重615,216kg。二者总计可以增加使用面积235.2m^2，以每平方米使用面积价值1万元计，可以增加235万元的价值。二者总计减少自重将近1,000吨，由此可减少建筑结构等土建造价的3～5%，节约大约32万元。而隔墙替换的成本仅增加了26万元。可以带来的成本节约和价值提升是非常可观的。除此以外，全部干墙的施工可以较砌块墙的施工节省3,129个工日，大大缩短了工期，带来巨大的资金运营效益。

既然干墙有这么多优点，那么我们何乐而不用呢？

作者单位：万科集团建筑研究中心

建筑为生活而定制

Building Customized for Lifestyle

王 强 *Wang Qiang*

金地集团初创于1988年，从1993年开始正式进军房地产业，至今只有短短的15年时间，但却赢得了良好的社会声誉，取得了巨大的经济效益，曾获得“中国发展最快的品牌房地产企业”，以及“中国房地产品牌战略创新10强”等称号。

金地集团提出了一个独特而响亮的口号——“科学筑家”，并将其视作自己的使命。“科学筑家”不仅体现了一个企业的人文态度与技术态度，而且是脚踏实地地对客户需求的充分理解、把握与引导。

客户需求以及客户满意度这两个概念，在每个生产型企业都会作为企业的重要指标来进行衡量，而做到客户真正满意的似乎并不多。

谈到在住宅产品上的客户需求，仁者见仁。人的需求多元且多变，今天在客户调查中的强烈需求，到明天已经成为过气的潮流。这似乎是弥漫在中国的生活习惯，就像中国人手里的手机一样，更新速度之频繁应该排在世界之首。所以我们经常发现美国朋友手里还在使用90年代的Nokia黑白屏手机，而我们手里已经拿着最新潮的iphone手机了。

作为消费品，抛开价格因素的巨大反差，住宅和手机一样，其客户需求也在不断变化。就购物心态而言，尤其是对高端购物人群来讲，二者的消费有不少的相似之处，也许会更多地启迪我们对客户需求的再探讨。

在客户需求的把握之中，我们会发现很多分析方法，例如按照家庭生命周期、家庭结构、购买力来区分等等。之所以以不同的方式划分客户，最终目标是希望能够锁定客户的统一想法，来进行产品设计的指导，最终使客户满意。我越来越觉得这些方法在实现产品的基本属性的时候，是没有错误的，但是要进化到一种最终的产品指导还是有相当的欠缺。

究其原因，在于我们中国人的生活状态具有其独特的特征，即在20世纪末的对外开放，使得中国人的收入和心态发生了巨大的变化，对于追逐潮流，以及对于美好生活的向往，已经成为中国的主要生活方向。这一点从手机、汽车和时尚电器、杂志以及住房的超前需求都可以看出来。

而我们的产品与客户细分，也会延续这个追求美好生活的国人导向。

何为美好生活，何谓客户需求？如果按照简简单单的生活状态细分，其实在20世纪90年代末的手机，已经完全可以满足通讯的基本需求。而对于住宅产品，也可以按照基本生活状态进行设计，主力客户群的生活状态描述，也基本是以此为主。比如5口之家，$115m^2$的三房两厅已经足够。然而我们曾经在很多项目中发现，$150m^2$的三房增加速度也很快。在这个现象背后，实际上会很明显地发掘出市民生活状态的改变。例如大家已经慢慢开始关心生活质量，关心5口之家是否需要住在一个房子里（这是一个关注个人空间的因素），关心家里是否有影音室，是否有足够的衣帽间，是否有早餐间等等。假如我们能够给客户一个有阳光的早餐间，生活也许会因此而改变。当然其带来的影响，就是会颠覆我们所谓的经典户型的厨房位置。金地产品的实际案例，便是在深圳金地香蜜山的户型中，直接将花园套入到房间内部，使得直接将山景纳入到房间的同时，也提供了可以将餐厅直接搬到室外的生活可能性。只是这个小小的动作，便使得该户型成为香蜜山的金牌户型(图1～2)。

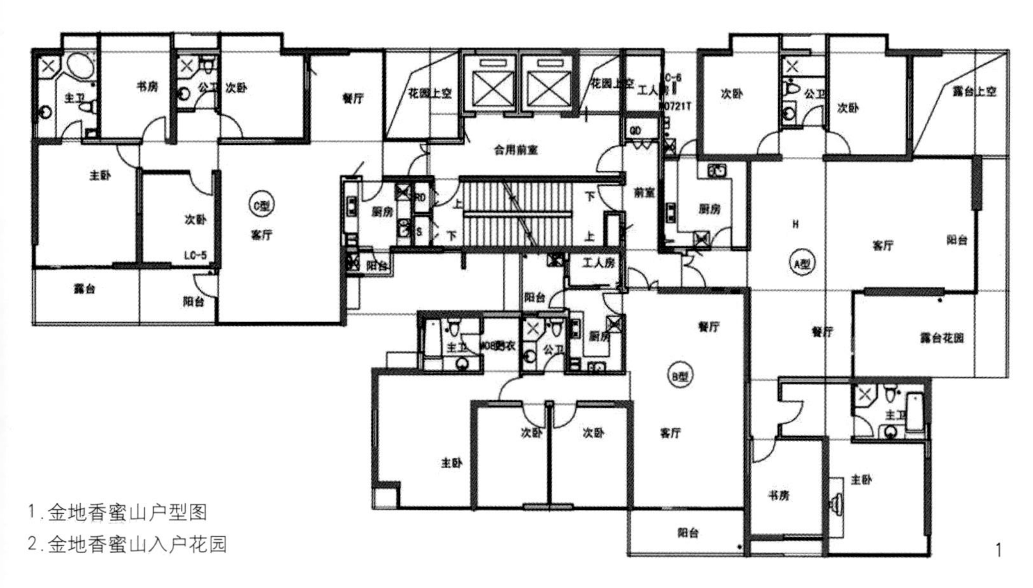

1.金地香蜜山户型图
2.金地香蜜山入户花园

3. 金地香蜜山立面
4. 金地梅陇镇立面

再回到开题的iphone，这个手机里面有多少功能，是在我们买之前发现的吗？只有我们切实地拿到手里，才会为在这个时尚的小东西里面所蕴含的贴心技术而感到心满意足。但更多的买家会因为在里面发现了更多的创新元素而欣喜和震惊，并乐此不疲地不断发掘，这种客户认可感，会直接改变手机产品跟随者的后期产品策略。

住宅产品的设计，满足客户的基本生活需求自然是应该的，但是设计的力量远非这么简单。我们必须要意识到，住宅是一个家庭长期生活的场所，在满足其近期的基本生活需求基础上，我们的产品设计也必须能够深刻理解生活，尤其是中国人生活的变化趋势，并能够为其创造出相应的预留空间来适应这种未来的变化，这才是能够体现客户满意度的设计力量。为此，我们需要深入去体验生活，并能够敏锐地挖掘出未来生活的走向，从而以我们的产品，向客户表达我们对于美好生活的理解，最终能够实质性地改善客户的生活。总而言之，设计者不应只扮演一个住宅建造者的工匠角色。

这就是标题里面的“建筑为生活而定制”的概念原点，即满足客户的现在生活，而为客户定制未来的美好生活。而根据客户的选择，产品的最终表象也会有很大的差异。比如说深圳金地梅陇镇的规划设计和缤纷活力的立面设计，深圳金地香蜜山的客户不一定会喜欢，这已经从客户群的反映之中体现出来。但这并不意味梅陇镇的风格设计出现问题，对于其80后的客户定位，这恰恰是他们所追求的风格。这种情况反倒说明了产品风格，已经反映出客户差异性(图3～4)。

这也许是金地产品所一贯坚持的产品主义的新的诠释。

金地集团的远景规划是“做中国最有价值的国际化地产企业”，而在“以人为本”与“精细创新”理念的督促与助推下，金地已经自主地选择了一条务实的道路，朝着既定目标稳健迈进。

作者单位：金地(集团)股份有限公司

深圳金地梅陇镇

Meilong Town by Gemdale Group, Shenzhen

建 设 地 点：深圳龙华二线拓展区东北侧

总 占 地 面 积：13.6万m^2

容 积 率：3.08

总 建 筑 面 积：约42万m^2

设 计 时 间：2005年

竣 工 时 间：首期2006年

规划及建筑设计：德国WSP建筑设计公司

景观规划设计：柏景景观园林设计有限公司

室 内 设 计：香港壹正设计公司

1.深圳金地梅陇镇建筑表现图

深圳金地梅陇镇是由11～18层和24～33层的高层建筑组成的，共4000多个单位。设计师用现代主义的理性方式，追寻技术美与人性化的和谐统一，以简约、洗练、纯粹的纯净主义风格，使居住者情感回归宁静与自然。完整和谐的整体格局与精心设计的建筑细节充分体现居住建筑在走向理性的同时，又注重对人性的全面关怀。

梅陇镇在总体规划布局上以高层板楼为主，围合空间收放有致。依地势而成的架空平台，其边缘全面向城市开放。凹入式的内院广场和贯穿其间的步行街为人们提供了丰富适宜连贯的社区商业尺度，便于人们分别从城市道路和社区内部参与到都市生活中。平台本身是连续完整的中央公园，绿化远离城市的喧嚣。

项目的户型设计针对深圳的气候和业主对户型平面的要求，进行了深入的推敲研究。从生态建筑学的原则出发，充分利用自然采光通风，降低能耗，将平面花园引入高层建筑。入户花园、挑空露台和落地凸窗为居住在高层的人们提供了更多的自由空间，使家庭生活与自然有更多的结合。

立面设计上对模数的运用贯穿于始终，所有商业外廊采用竖向的钢百叶，为商业提供外廊的空间界定，商业广告的空间支持以及大型挑檐的结构支撑。住宅立面的百叶提供了遮掩室外空调机、外窗遮阳、避免视线干扰以及安全防护等功能。同时，群体建筑的相同语言的运用，以及单元间凹槽内色彩的运用，为整个小区提供了和谐的、富于人情的、简约纯净的立面风格。立面百叶侧面采用赤橙黄绿蓝紫六种颜色，从不同的角度看建筑有不同的色彩组合，这样缩小了整个项目的视觉尺度。"能使建筑在生长中得到不断完善"是设计者最大的心愿。

梅陇镇项目在建设部中国建筑文化中心举办的2006年度"中国城市创新楼盘"的评比中荣获"建筑设计创新楼盘奖"和"园林规划创新楼盘奖"两大殊荣。

***金地（集团）股份有限公司供稿**

2. 深圳金地梅陇镇建筑表现图

3. 深圳金地梅陇镇会所入口处
4～6. 深圳金地梅陇镇会所室内
7. 深圳金地梅陇镇会所入口处

7

8～10.深圳金地梅陇镇外立面

15

16

11～17.深圳金地梅陇镇实景

上海金地格林世界

Gemdale Green World, Shanghai

建设地点：上海嘉定区南翔镇东北部
总占地面积：2100亩（约140hm²）
容 积 率：0.67
设计时间：2003年至今
竣工时间：首期2005年
规划设计：易道（上海）咨询有限公司、老圃（上海）景观建筑工程咨询有限公司、上海会元咨询有限公司

上海金地格林世界位于上海市嘉定区南翔镇东北部，占地面积约140hm²，容积率0.6，按高标准、低密度、高配套的理念来规划设计，将建设成为上海市乃至整个长三角地区具有代表性的国际化大型社区。

项目在2005年荣获“中国人居国际影响力楼盘”第一名，以及“中国上海第一大盘”称号。

整体项目拥有14万m²区域中心级生活配套：10万m²公园、4条原生河流、20000棵大树，10000m²中央景观湖，109年罕见红花继木等；4000m²会所和1000m²专属会所；6片室内外网球场、高尔夫练习场、儿童探险乐园、室内外双游泳池等；3000m世界商业风情街、16000m²大卖场；2所高级双语幼儿园和九年一贯制实验学校。

目前格林世界一期法国普罗旺斯风情，二期北美风情项目已全面展现，还将开发三期澳洲风情和四期亚洲风情项目，整体上将囊括15种物业形态，容纳约2万人口。

*金地（集团）股份有限公司供稿

1.上海金地格林世界独立别墅

3. 上海金地格林世界马塞旧港
4. 上海金地格林世界会所

5

6

5.6.上海金地格林世界联排别墅区

7~9.金地格林世界室内

佛山金地九珑璧项目

Jiulongbi Project by Gemdale Group, Foshan

建设地点：佛山禅城区南海大道南以西
占地面积：11万m²
总建筑面积：22万m²
设计时间：2006～2007年
竣工时间：首期2008年
建筑设计：香港许李严建筑师事务所
景观设计：EDAW(易道亚洲)

佛山金地九珑璧项目，是金地集团进军佛山的第一个高端豪宅项目。该项目位于佛山市禅城区南海大道南以西，居于禅城区未来中央居住区(CLD)亚洲艺术公园版块。

一、规划

本项目整体设计概念是对中国传统建筑的重新演绎。产品形态包括Townhouse及高层建筑。社区内部空间呈四合院式围合。在考虑到城市天际线美观的前提下，项目由南往北逐渐增高，南边规划相对通透，北区建筑错落有致。总体而言，九珑璧有机地结合了项目所在地区的环境风貌，以最合理的规划实现了土地价值。

二、建筑

本项目设计师严迅奇是香港著名建筑师之一，其代表作有"广州博物馆"、"中环国际金融中心"等。在佛山项目中，他将中国传统建筑中最精髓的概念和精神，用最现代的建筑语言表达出来，这是一种有前瞻性的现代建筑风格。内在精神很东方、外在表现很现代的新建筑带给人们一种全新的生活体验。

九珑璧Townhouse产品以中国传统四合院的中庭空间布置为蓝本，以立体九宫格为基本体块，继承四合院居住文化精髓，三面围合，一面向户外庭院开放的布局，实现Townhouse露台、庭院、楼梯、通道、阳台及功能间的联系，并形成中央天井泗水归堂。因此，成功申请了以"90°合院"为专利名的产品设计专利。

三、景观

项目园林规划由易道(亚洲)景观规划设计，由广州普邦园林施工。在充分尊重总体景观的前提下，利用有机的景观资源来塑造多层次的开放空间，充分利用场地的高程变化，结合视线的通透性考虑，规划了立体多层次开放景观带、空中景观廊桥、中央花园、私家花园、私家泳池等。营造了一个充满时代感而带有当地文化韵味的环境。

四、科学筑家，创新运用高标准建筑材料

项目充分考虑佛山人居的舒适尺度，在材料运用上力求创新与精致。项目专利Townhouse产品部分外墙采用白沙米黄大理石，并运用双立面和环保可塑木百叶窗外墙设计，充分保障通风采光；外窗玻璃采用双层中空玻璃和LOW-E玻璃，节能、环保；此外，为减少城市"热岛效应"，项目在Townhouse产品屋面种植佛甲草等苗木，美化视野和空气环境。所有材质注重环保与美观，体现项目追求的居住高品质。

*金地（集团）股份有限公司供稿

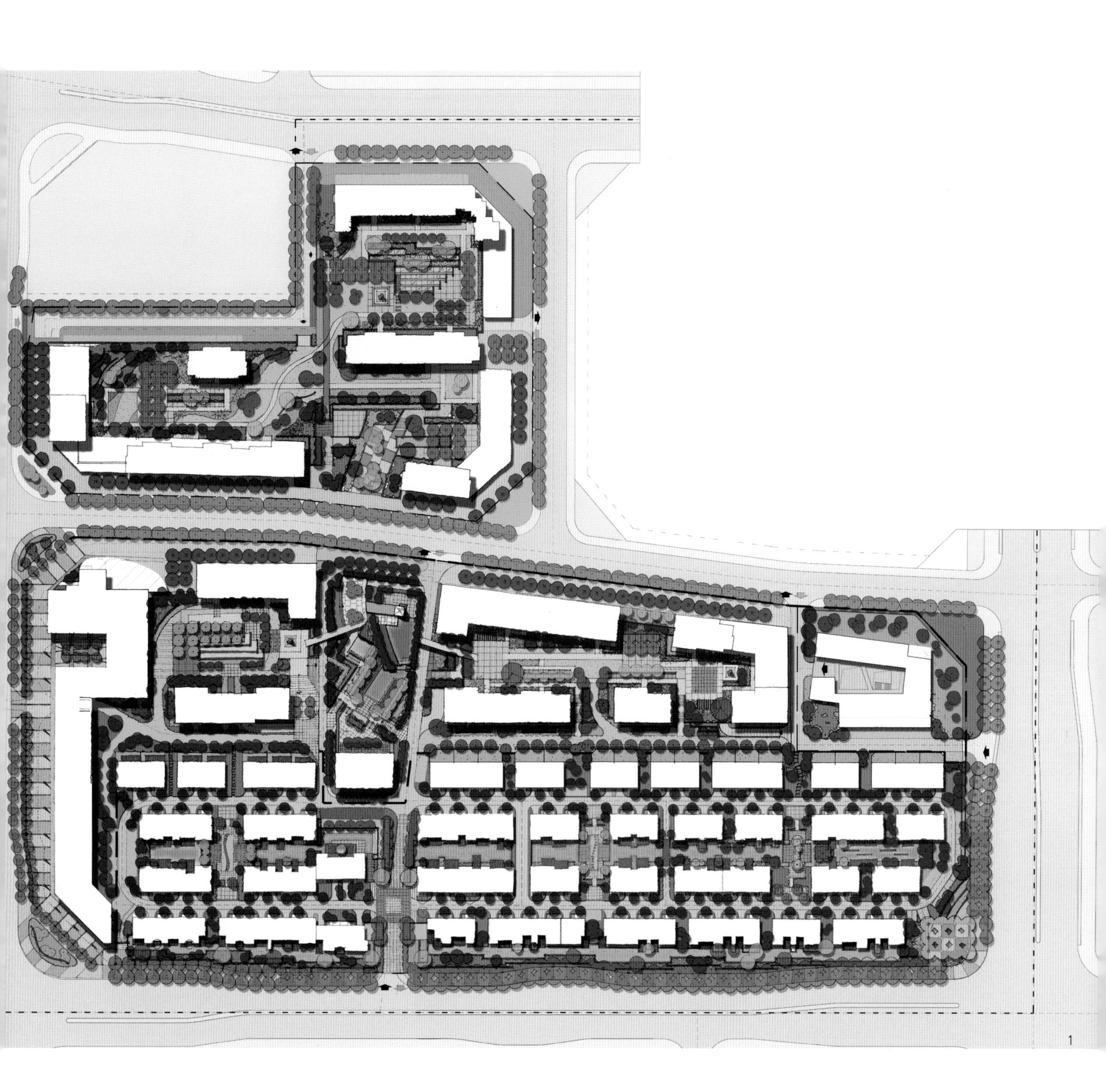

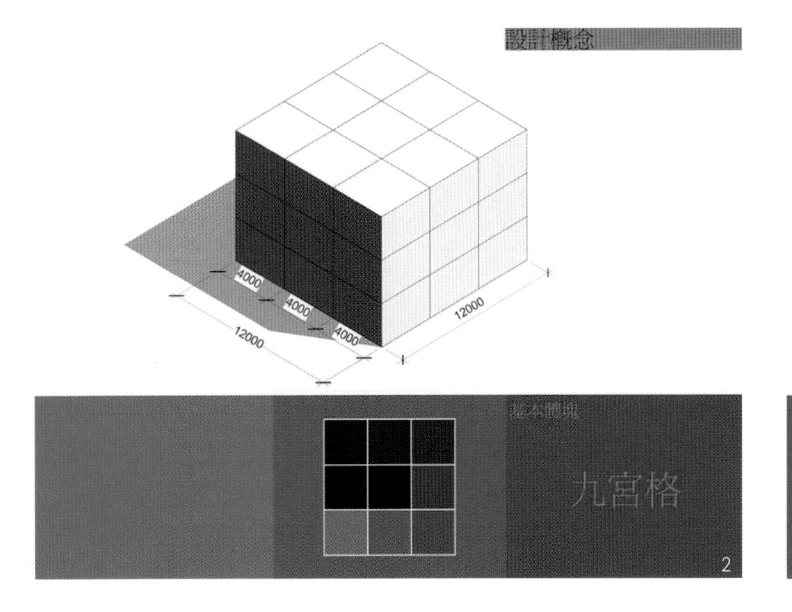
設計概念
4000
4000
4000
12000
12000
基本體塊
九宮格
2

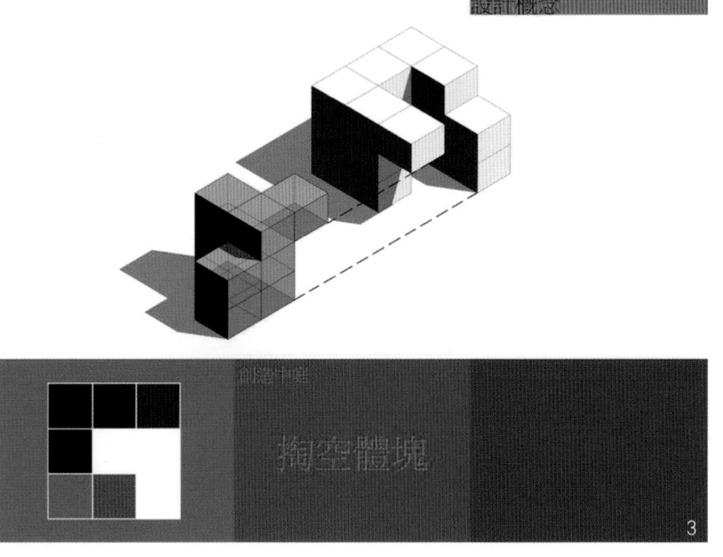
設計概念
創造中庭
掏空體塊
3

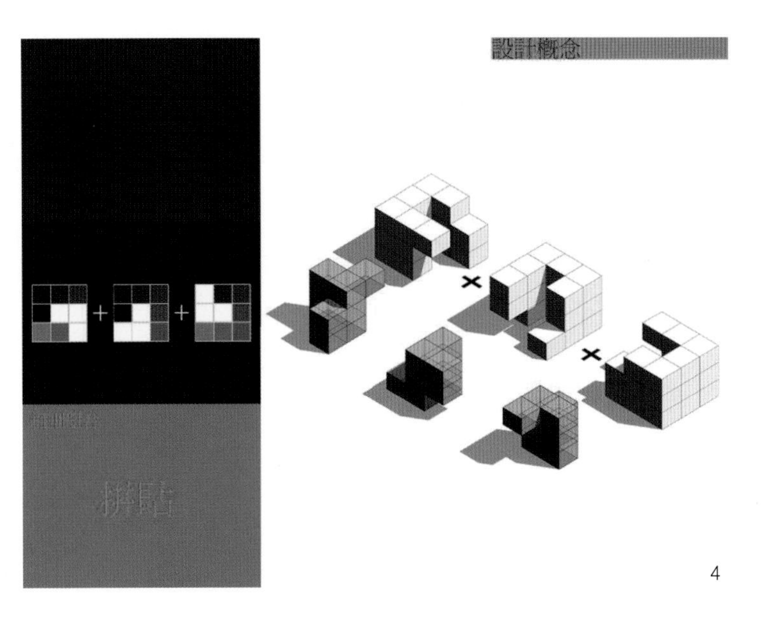
設計概念
拼貼
4

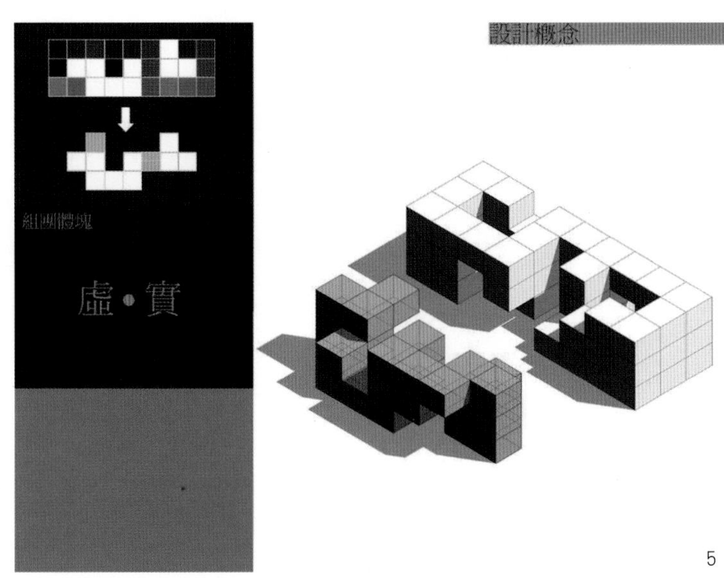
設計概念
組團體塊
虛•實
5

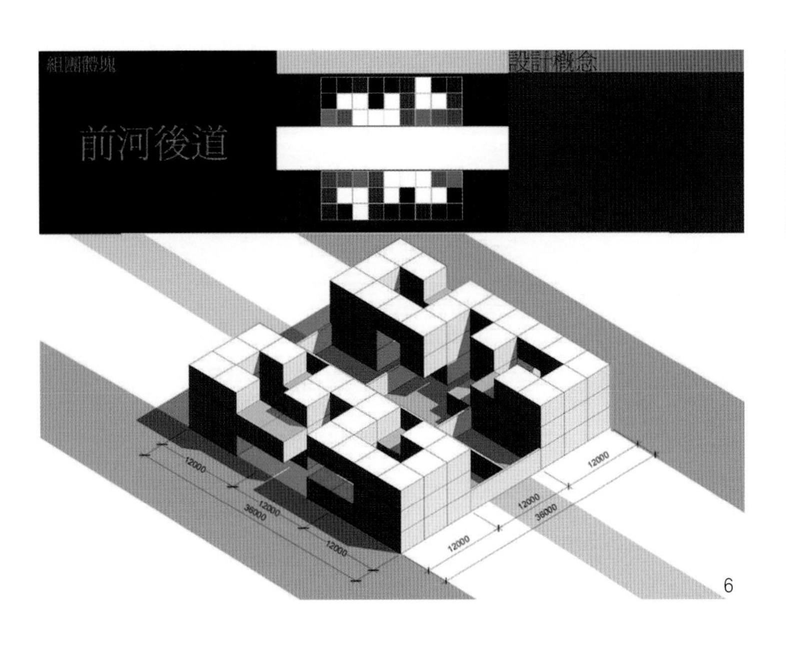
組團體塊
設計概念
前河後道
12000
12000
36000
12000
12000
12000
36000
12000
6

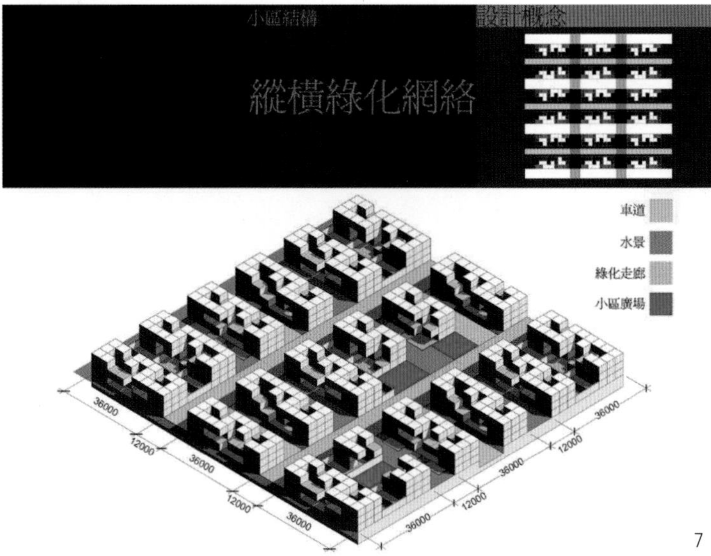
小區結構
設計概念
縱橫綠化網絡
車道
水景
綠化走廊
小區廣場
36000
12000
36000
12000
36000
36000
12000
36000
12000
36000
7

2~7.佛山金地九珑璧“九宫格”设计构思图
8.9.佛山金地九珑璧会所设计
10.佛山金地九珑璧别墅区鸟瞰

11

11. 佛山金地九珑璧高层住宅表现图

天津金地格林世界

Gemdale Green World, Tianjin

项目地理位置：天津市津南区大沽南路延长线与外环线交口
占 地 面 积：550亩（约36.67hm²）
容　积　率：1.4
开　发　商：金地（集团）天津房地产开发有限公司
建 筑 设 计：中建国际（深圳）设计顾问有限公司
景 观 设 计：景尚（上海）设计咨询有限公司

天津金地格林世界借鉴世界宜居城市核心人居精神，营造天津“五大道”的生活氛围，塑造悠然平和、恬静温馨的居住氛围。

项目包括4.5层花园洋房、5.5层景观洋房、8.5～11层电梯公寓、创新型9层薄板中高层在内的低密度产品。内部空间设计上，以舒适的生活感受为标准，全部采取健康户型设计，室内空间方正、动线精简、大开间小进深，贴近自然。采用一梯两户格局，自然采光通风。

项目的规划结构中，呈“S”型景观水系曲线纵贯社区，其设计灵感来源于海河的设计构思，象征港口城市的开放和包容、敢于创造新生事物的勇气和精神，吸纳了千百年来的海河文化沉淀下来的文化精髓。这条绵延1.5km的中央景观公园和6条绿色走廊分割出四大宜人组团，而英式、法式、意式和北欧风情景观主题则为社区增加了妩媚的颜色。同时在一级景观体系之外，镶嵌各处的坡地、水系、花圃、软草、组团间庭院等为邻里交流创造了生动的空间。

*金地（集团）股份有限公司供稿

金地
格林世界
sunshineunion

2.天津金地格林世界花园洋房

3~5.天津金地格林世界商业街

4

5

本期“社会住宅”专栏，我们选登了中国房地产及住宅研究会副会长顾云昌教授关于“健康楼市与和谐人居”的文章，该文章是顾教授于2007年11月24日在《住区》主办的“社会住宅”论坛上的主题发言。

顾云昌教授是我国著名的房地产专家、学者，现任中国房地产及住宅研究会副会长，建设部住宅政策专家委员会副主任，曾任建设部城市住宅局处长，建设部城镇住宅研究所所长，建设部政策研究中心副主任，中国房地产协会副会长兼秘书长，参加80年代中国住宅建设技术政策和2000年中国住宅政策研究，多次参与国家房改政策的研究和制定，90年代参加2000国家小康住宅科技项目，任产业政策组组长。

下期《住区》将刊登顾云昌先生关于“夹心层”住房问题的讨论。

健康楼市与和谐人居

Healthy Market and Harmonious Housing

顾云昌 *Gu Yunchang*

一、中国房地产业是国民经济的重要支柱产业

住宅房地产牵动着经济社会和每个人的神经，中国房地产业是国民经济的重要支柱产业，这是国务院明确的。对每个家庭来说，房产往往占去其一半的财产，特别是北京的房价越来越高，占的比例也会越来越大。我刚从美国回来，美国房地产业是被看做火车头的产业，尽管其已不是以新开发的楼盘为主体的产业，而是二手房交易为主的产业。美国房地产业次级抵押贷款使经济滑向衰退的边缘，在美国，65%是贷款买房，这其中次级抵押贷款占9%，这样就造成了对本国，乃至全世界金融和经济的影响。

有专家预测，美国今年的房价会下降1.3%，这不算什么，但其对美国的银行、金融系统带来的巨大影响恐怕现在还没有见到底。当然，美国不希望房地产出现问题，中国也一样。房地产衰退以后，带来的第一个问题就是就业问题，如果中国的房地产衰退，我们现在建筑队伍当中占到了农村转移到城市一半的劳动力便无法安置，我们部队的转业人员就没有办法参与物业管理，规划、建筑设计单位的收入也会大大下降。

现在人们关注美国的次级抵押贷款到底是怎么一回事，导致了美国的美联储升息、降息不稳定。即房地产的问题实际上和整个宏观经济联系在一起，美国一样，中国也一样。这是国际上值得我们关注的一件事情。

二、中国社会发展的三个目标

前不久英国的新首相布朗先生发布了一个公告，要在未来的十几年当中，即从现在开始到2020年之间，在英国兴建300万套社会住宅，而英国现有的社会住宅已达500万套，这个数字非常大。这使我想起了在20世纪80年代初自己刚刚做住宅研究的时候，撒切尔夫人提出了住宅私有化——把住房卖给居住者，而现在返过来又要构建社会住宅了，可见住宅问题的解决并不是一蹴而就的。为什么联合国提出人人享有适当的住房？我想在美国、英国这样的发达国家，住房问题尚且没有完全解决，何况我们的转型期国家，所以我们认真研究房地产的住房问题是十分必要的。

最近大家都在学习、研读十七大的文件。十七大提出了两个显著，即改革开放以来，我们最显著的成就是快速发展，最近五年，我们最显著的进步是人民生活的改善。但是在看到这两个显著的同时，中央也非常客观地提出了当前存在的两大问题：第一是我们资源环境问题突出；第二是在我们生活普遍提高的同时，贫富差距的拉大。对于今后的发展，十七大提出了三句话，也是三个目标：一.经济要又好又快地发展，过去是快字当头，现在是好字当头；二.加强社会建设，其重点就是保障和改善民生；三.发展生态文明，在环境资源问题上要注意建立生态文明。这实际上是对我们过去工作的一种肯定，也为将来的道路指明了方向。

三、房地产业面临的三个挑战

十七大三个目标总的内涵是中国特色的社会主义和科学发展观。其实我国房地产业也面临着三个挑战。第一，我们现在如何在又好又快的发展过程当中保持房地产市场又好又快的发展。我们的房地产市场过去几年不是快速发展，而是高速发展，我们的投资始终保持着25%～30%的增长。但是我们在高速发展当中又如何保持健康的态势？如何建立好市场的问题？第二，我们在发展当中，如何达到国家的生态文明要求。我们的住宅建设，我们的生产产品，我们的开发模式和消费模式能不能做到绿色的发展？第三，我们在住宅建设不断发展，数量不断增加的时候，如何达到中央提出的住有所居，联合国提出的人人享有适当住房的目标，从而建立和谐人居的环境。

中国的房地产要唱发展的歌，要跳生态的舞，要奏和谐的曲，说起来很容易，实际上面临很大的挑战。第一，我们的房价高攀不下。2004年的房价上浮最大，有15%！2005年是7.5%，2006年跌至5%，但是今年出现了明显的反弹，恐达到10%左右。一个健康的市场房价应是比较平稳的。第二，我们现在要开发绿色建筑，但是现在的房子90%以上都是不节能的，我们盖的都是灰色建筑。中国是房地产大国，现在也是最大的建筑浪费国，到现在为止，这一点还没有引起我们足够的重视。第三，由于房价的攀升，现在很多困难家庭租不到、买不到和收入相匹配的房子。收入差距的拉大，导致住房问题更加凸显，摆在房地产业面前的是很严峻的挑战。

四、健康楼市

我想讲两个问题，一个是健康楼市，一个是和谐人居的问题。关于健康楼市，要稳定房价与规范市场，促进楼市的健康发展。我认为一个健康的楼市应该是房价稳定的楼市，是市场规范的楼市，而我们现在房价不稳定，上涨过快。我们的市场也不规范，主要表现在供不应求的情况下市场状态的不规范。现在有许多捂盘不售等现象，应该通过两只手——市场无形的手和政府有形的手促进房地产市场的健康发展。房价上涨过快是事实，最普遍的道理便是市场的供不应求，为什么会供不应求？为什么不增加供给？我觉得这里面有复杂的宏观经济的背景。现在一方面是需求很旺盛，一是自住的需求，二是投资需求。自住的需求来自于拆迁的需求，农民进城的需求。这些需求源源不断地在中国的房地产市场上发生，特别是1998年房改以后，老百姓买房的欲望井喷一样地爆发。现在也是婚龄的高峰，每年有700万到800万对新人，但是我们每年供应的住宅是500多万套。更主要的问题我觉得还是投资性需求，尽管“国八条”和“国六条”对投资需求进行了一定的抑制，但投资性需求仍然势不可当，原因在哪里？总体来说，我用四个字概括房价上涨过快的背景：钱松地紧。钱松也就是我们说的资金流动性过剩的问题。现在有的专家说中国的资金流动性过剩达到了泛滥的程度，中国有的是钱，但缺少投资的渠道，这个和我们收入的增加有关系，也和整个市场经济的发展有关系。比如说现在搞按揭，按揭就是用未来的钱圆今天的住房梦。过去土地不算钱，现在越来越贵了，货币发行肯定是多。主要的问题是外汇储备，中国是世界第一，超过1.4万亿的外汇储备，必须要用人民币收回，这个是多少钱的市场流通？在这种情况下，我们缺乏投资的渠道，现在钱存银行是负利率，买股票风险又很大，还是买房子最安全，投资房地产最让人放心，这也是无奈的选择，因此必然导致大量的货币流向住宅市场。

我们从根源上分析原因，在钱松的前提下，我们又出现了地紧的问题。地紧是客观存在的，温家宝总理说我们18亿亩耕地的红线不能突破，2020年以前不能低于这个数字，决定了我们的建设用地，包括房地产的用地必然要受到严格的控制。节能省地是完全没有错的，可在这样的大环境下，我们同时又推出了招拍挂的改革，这样一来，由于土地供应紧张，再加上我们准备工作做的不够，造成了几年的土地供应量跟不上，开发量跟不上，导致了北京市住宅的开发量去年比前年下降了20%多。这样的情况下，能不造成市场供应的紧张吗？房地产开发必须和土地联系在一起，如果土地供应出现不足，就会导致房价的攀升。为什么泡沫在世界各国的房地产均有出现，如美国和英国，美国的房价过去几年涨了70%，英国的房价涨了100%，都是这个原因。在这种情况下，我们如何稳定房价，面临着很大的挑战。培育一个市场，如果房价不稳定，便谈不上健康。

对于这种现象，现在有很多的建议，国务院各部门也在听取各方面的意见，我仅谈个人的看法。现在我国客观存在的问题，就是三个过剩：第一，资金流动性过剩，第二，劳动力过剩，第三，许多方面出现了产能过剩。所以我们要继续控制投资规模，继续控制货币的发行量，要安排好劳动力，进行创新、创业。我们过去的政策是抑制需求的，没有在扩大供应方面下工夫，使现在整个市场供不应求。2007年1～9月份，我国商品住房的供应量是1.7亿，卖掉的是3.9亿，空置住宅越来越少。摆在我们面前的问题是如何调节供求，适应市场的发展。

五、社会住宅

我们现在解决住房问题应该是两条腿走路，即商品住房与社会住宅。前一段时期社会上有一种误读，认为住房问题主要是房价上涨过快造成的，但是我们看到，住房问题和房价问题既有密切关系，但又不是同一个问题。房价问题是市场问题，住房问题是社会问题，即使房价稳定了，住房问题也不一定能够解决，更何况房价上涨过快。现在北京房价如果从10000元降到5000元，买不起的还是买不起。对此，国务院出台了20号文件，指出了方向，即在今后的发展过程中，我们一定要注重社会保障。

现在我们的住房问题比较凸显，一个是房价上涨过快的问题，二是收入差距在不断地扩大。我们过去几年在执行政策当中，比较注重市场化，80年代美国人说住宅市场化过头了，我不明白，现在明白了。现在我觉得国务院的意见很清楚，中国的住房问题，多数人应该通过市场来解决，少数人应该通过住房保障来解决，这是一个比例问题，社会住宅是一个比例问题。中国内地正处于一个转轨阶段，是城市化进程加快的过程，我们没有那个财力，也不可能做到多数人的住宅通过社会住宅解决。另外我们的房价可收入资金的比例在不同的城市不一样，北京、上海的房价比例会高，世界的大城市都是这样，外来购买力强的地方往往房价都比较高，在北京购房的人不全是北京人，1/3是有钱的外地人。因此，我想多数和少数应该从各个城市的具体情况来说。

我研究过世界各国的住房保障体系，每个都不一样，我们不能照抄照搬，只能建立自己的住宅保障体系。我国属于转轨经济，还是发展中的社会主义初级阶段，如果社会保障力度太大，人人都进来，肯定受不了，所以中央提出了逐步解决农民工的问题。人家的城市化已经完成了，我们的城市化还在进行当中，所以这个社会保障要根据中国的情况而定。

我认为住房的社会保障问题，即社会住房问题，无非就是三个方面，一是法律制度或者政策制度，二是规划布局，三是执行力度。法律政策中，首先，保障的主体是谁，可以拿出多少钱保障，一定要规范。其次，保障的对象一定要明确化；再次，保障的标准要完善；最后，保障的机制要健全。

1.法律制度与政策制度。过去北京的经济适用房令大家感觉到问题比较多，我想我们可以客观地分析一下北京经济适用房出台的背景。我国1998年出台经济型房政策的时候，正是住宅建设拉动经济增长的时候，我们的经济型房推出来，要拉动经济增长，大面积建设。当时政府有一个担心，刚刚废除了实物分配，怕大家不买房，但后来却成为了投资品，政府调整的速度慢了，以至于开宝马车的人去买经济适用房。北京市有关人士告诉我们管理难度很大，香港有300余人管理公共住宅，但是北京只有很少人，这是我们管理部门的失职。

另外，我们整个社会的信用体系没有建立起来，过去买经济适用房仅要单位写一个证明。这个诚信体系建立不起来，会为经济适用房的发展带来一定的难度，我们最初改革与改善的速度不够快，速度没有跟上，现在经过修改、讨论以后，24号文件出台，这些问题也进一步明确了。

这其中涉及一个进出的机制问题，我认为要特别注重把社会住宅和商品住宅隔开，设一个隔离带，社会住宅是消费品，商品住宅既是消费品又是投资品。我们过去在这方面没有注意。

这是政策法规的问题，现在我们还没有完整的法律体系，没有住房法。土地出让金当中的一部分，公积金的一部分，还有其他的财政补贴，按照正常的渠道应该由财政支出，这样才能保障我们的供应量。土地的供应也一样，地方政府搞廉租房建设，经济适用房建设是拿不到土地出让金的，所以没有强硬的规定措施，供应量保障不了。

2.规划布局。我认为规划布局应该采取适当、方便、分散的办法。第一要适当，经济适用房不能太好，也不能太差，否则将来的配套各方面都有问题。第二要方便，交通要方便，购物要方便，让中低收入家庭可以方便地生活、工作。另外特别强调要分散，我不主张大片地盖经济适用房。我到南方看了一下，有100万m^2的经济适用房盖得很漂亮，但是物业费收不上来，门口的小桥流水很漂亮，但水是黑的。一个社会、一个很大的居住群应该是各种不同收入的家庭的组合，那才是生态的，如果都是经济适用房的人，廉租房的人，将来很可能形成贫民窟。

廉租房更多是按照租金补贴的办法，我们有的是小房子，用这些存量房解决廉租房，把这些低收入家庭分散到社会当中，有利于社会的和谐。所以北京市提出将来的廉租房和经济适用房在未来的普通小区当中占一定的比例，这个举措我举双手赞成。和谐人居不仅是人人有房住，而且要使整个社会得到安宁。

3.执行力度。我觉得执行力度很重要，现在出台了24号文件，但还没有划到实际行动，人们需要对廉租房有一个认知的过程。前几年之所以廉租房没有建立起来，经济适用房出现偏差，主要是地方政府认识不足。2000年的时候，我到上海调查，全国各地都在搞经济适用房，但上海没有。我去调查，上海人认为他们房价低，没必要搞经济适用房，但是没想到三年后房价就涨起来了。我们刚刚进入市场经济，对房价的认识不足，但应该看得长远一点，解决住房问题是长时期的。在中国应该是多数人买商品房，少数人享有社会保障，且保障的层面有不同。

六、结语

最后，我有两点建议，第一，中低收入人群，即夹心层的住房问题应该引起我们各级政府的高度关注。目前，美国施行住房抵押、担保，或金融的支持与政府的帮助，解决中低收入家庭的住房问题。中低收入家庭是向中等收入家庭迈进的一个阶段，而且这些人是未来社会的主流，其问题在许多国家都是比较凸显的，我国在将来也是如此，因而应该由大家来呼吁。

第二，在国务院政策里面没有提出的上限房问题应该想清楚了再说。限价商品房的推行是为了限制房价上涨过快，但是卖给谁？转让的时候按照什么价格转让？千万不要再犯过去经济适用房走过的弯路。我觉得有许多问题可以和住宅问题联系在一起，归根到底是住有所居的目标，因此我们要更多地关注低收入乃至中低收入家庭！

作者单位：中国房地产及住宅研究会

集合住宅家装填充体模式研究
——以大连为例

The Study on the Infill Pattern of Multi Family Housing in Dalian

胡 英 范 悦 张小波 *Hu Ying, Fan Yue and Zhang Xiaobo*

[摘要]本文通过对集合住宅家装历史、现状和未来的阐述及对大连集合住宅家装的调研，从三个方面研究了家装填充体模式。首先，提出了家装填充体的"定制式"、"集成式"和"一条龙式"的经营模式；其次，论述了家装填充体的设计模式：分别为"次系统"独立设计、填充体与套型设计同步和模数设计问题；第三，说明了家装填充体的施工模式，包括先行施工样板间、施工的组装化和施工质量等方面。最后指出，应该持续探讨住宅家装填充体模式，提高其装配化水平和市场的产业流通效率。

[关键词]家装填充体、经营模式、设计模式、施工模式

Abstracts:*Through describing the congregated house decoration history, the present situation and the future, and investigation in Dalian, this article studies the house decoration infill pattern from three aspects. Firstly, for the house decoration infill it puts forward to the management pattern as "decide the service pattern", "the integrated type" and "a dragon type". Secondly, it describes the house decoration infill design pattern: "the inferior system" independent design, the infill and design synchronization and the modulus design. Thirdly, it explains the house decoration infill construction pattern, including first constructs the model, the construction assembly and the construction quality etc. In the conclusion it points out the study of the house decoration infill pattern, raises its assembly level and the market industrial circulation efficiency.*

Key words:*the house decoration infill, management pattern, design pattern, construction pattern*

一、我国集合住宅家装的历史、现状及未来

建国以来，集合住宅的家装经历了不同的发展阶段：20世纪80年代及以前，是我国的福利分房时代，分给企事业职工的房子是低标准的成品住宅，满足当时较低水平的日常起居，大多数职工不需装修即住，只有少数职工轻装修入住。20世纪90年代前后，商品房不断问世，尤其是1998年国家宣布结束福利分房，该政策一直延续到2000年，便彻底结束了。随着生活水平的提高，居民对居住舒适度的期望值也在提高，低标准的成品住宅再也不能满足需求。购房者在买到商品房后，都不惜花大价钱、下大力气去装修房子。在装修的过程中，往往把原有的房屋配置

拆掉(如水槽等)，换上自己喜欢的部品，把原有的隔墙砸掉，自己重新砌墙等等，重复和浪费现象十分严重。1994年6月建设部适时颁布了“毛坯房可验收”标准，开发商开始出售毛坯房，暂时杜绝了乱砸乱拆的现象。毛坯房作为我国商品房发展过程中出现的一个阶段，其弊端非常明显：需要购房者二次装修，装修的过程容易破坏结构，浪费材料，噪声扰民，费时费力等。2002年，建设部《商品住宅装修一次到位实施导则》出台，商品房由毛坯房向成品房转换。

成品住宅是崭新的商品住宅时代的产物。但是，鉴于目前住宅为卖方市场的实际情况，购买成品房的居民，只有少部分能得到菜单式装修的选购服务，大部分购房者只是以样板房为例选购房子。即便是买房当初进行了菜单式的选购，居民住进成品住宅5年甚至10年、20年以及更长时间以后，由于家庭人口的变化，对于居住空间的需求也会发生变化。随着家庭成员的年龄变化或主人的更迭，会有对家庭装修的审美情趣变化的需求，更有因随着时间的推移要更换磨损的装饰物的需求，这时，成品住宅的“可持续性设计”的问题即凸显出来。未来的集合住宅家装应方便灵活更换和改变住宅中的填充体，满足不同用户的个性化需求及住宅整体的长期使用。

二、集合住宅家装填充体概念

住宅的填充体即其内部隔墙、分户墙、室内门，及厨(橱柜)、卫(洗漱柜、洁具)，家具，地板，户内楼梯等，其特点为可灵活布置的住宅的装修体系。住宅的支撑体分为两个方面，一方面为结构墙、柱、楼板等，其特点为支撑住宅的结构体系，另一方面为住宅的立面系统、屋顶系统、楼/电梯系统及管道井、空调机、太阳能热水器等与支撑体固定在一起的不可变动的体系。住宅管线系统(水、暖、电、煤气)的集中立管部分包括在住宅的支撑体系中，由集中立管分到每一住户的水平及垂直管线为住宅的填充体部分。美国麻省理工学院前教授约翰·哈布瑞肯于1994年3月发表的《都市住宅的议题与新方向》的文中图示[1]（图1），表示了住宅支撑体和住宅填充体的内容(图中的采暖系统若按目前国内水暖地热设计，也可以是支撑体部分)。该图还表示了约翰·哈布瑞肯教授的“次系统”概念，“次系统”越能彼此独立，住宅就越能改造，达到住宅个性化及其长期使用的目标。我国的鲍家声教授把住宅的填充体形象地比喻为核桃的“仁”，“‘仁’就是在住宅骨架空间内用以分隔内部空间的物质构件”。[2]而核桃的“壳”为住宅的骨架，称为支撑体。以上两位教授充分地说明了填充体的概念，把其和集合住宅的家装体系、部品合并一词，简称为家装填充体。

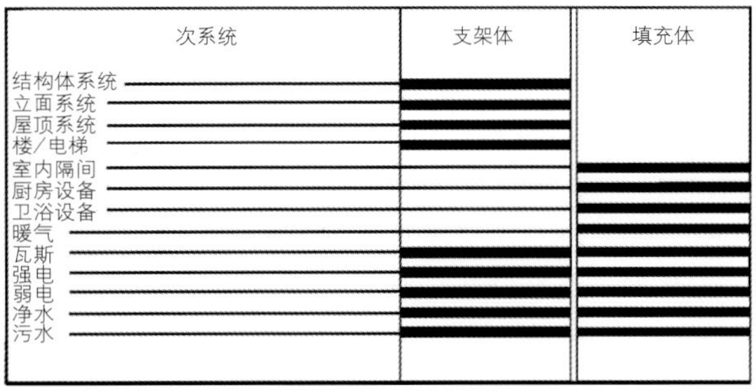

次系统　支架体　填充体
结构体系统
立面系统
屋顶系统
楼/电梯
室内隔间
厨房设备
卫浴设备
暖气
瓦斯
强电
弱电
净水
污水

1.各种主要的次系统及其对应于支架体及填充体的关系

三、大连集合住宅家装填充体模式

大连于建设部《商品住宅装修一次到位实施导则》出台后的2003年，开始推行成品房销售。2006年，大连市建委、规划、国土房屋、土地等四部门联合发布关于推进成品住宅建设的通知。通知要求，大连市新开工的住宅开发项目，其成品住宅所占建筑面积比例应不少于30%，并在建设项目涉及的规范性文件中予以明确。同时，按成品住宅建设比例要求，大连市建委、规划、国土房屋、土地等部门将对住宅建设项目在审批、设计、验收等环节加以监督、推进，力争2010年大连市成品住宅建设比例达到80%。

纵观2003年以来大连集合住宅家装的发展过程，从家装填充体的经营模式、设计模式和施工模式三方面总结、研究如下：

1.经营模式

(1)“定制式”家装填充体经营模式

“定制式”家装填充体经营模式具体是指对地板、地砖、龙头花洒、衣柜、橱柜等填充体进行菜单式搭配，购房者可根据其价位和个人喜好，在提供的菜单中任意选择不同标准的产品进行组合，达到最满意的程度。该做法符合开放住宅的填充体理念，即填充体是用户容易选择的、可变的、可组装的模式。

大连“大有恬园”的业主，享受了“定制式”家装填充体的服务。购房者在进行菜单式选购之前，开发商做了高中低和不定式四个价位的总共二十个样板间，在每一装修价位区段中的填充体（如橱柜、洁具、浴房、燃气灶、油烟机等）至少会有两种品牌、不同规格型号供大家选择。以卫生间坐便器为例，购房者可有如TOTO、箭牌等四种高中低档产品的选择余地。但这是限于当时售楼的一种特殊模式，即第一步：购房者交钱买了毛坯房，第二步：购房者再交钱装修房子，在当时（2003年）处于动员购房者参加统一装修房子时期。

"大有恬园"为大连的第二个国家康居示范工程（图2），该住区同时还荣获了国家环境友好工程等一系列殊荣，开发商审时度势，适时推出"定制式"家装填充体成品房装修模式，在大连地区树立了榜样。

2.大有恬园外景

（2）"集成式"家装填充体经营模式

"集成式"家装填充体经营模式是把家装填充体视为一个整体和一个系统，通过产业链的链接，构筑住宅产业化集成平台，实现产业间、企业间有序配合的经营模式。由大连华居住宅产业化管理有限公司负责装修的大连"中华园"（大连第三个国家康居示范工程）和大连"大有恬园"的家装填充体都属于"产业联盟"的产业化生产方式的组织形式。两家企业分别是以装修公司和开发商为龙头和主导者，以项目为平台。前者是把各填充体生产企业链接起来；后者是将住宅相关企业如规划设计、建筑、部品、材料、代理、工程监理等链接起来，在一个平台上完成住宅的产业化配套集成，形成了一个利益、责任、操作的共同体。

"产业联盟"体现了工业化大生产分工合作的特点，体现了填充体的标准化和工业化。装修公司和开发商通过"产业联盟"，充分调动各企业的资源，整合各企业的生产优势，把高质量的填充体集成。与传统的生产方式相比，"产业联盟"更具有价格优势、质量优势、效率优势、服务优势、环保优势和产业优势。"产业联盟"创造出"集成家装"模式，构筑填充体产业战略联盟，实施住宅集成装修，达到多方共赢的目标。

（3）"一条龙式"家装填充体经营模式

"一条龙式"家装填充体经营模式是展示装修公司所属企业集团的填充体品牌、技术或商标为知识产权的经营方式，在大连的装修行业中独树一帜，特点突出。企业集团内部生产的产品连锁经营，装修组织、设计、填充体部品、施工一条龙经营模式，成为装修行业中的成功经营体系，对家装领域中生产方式的变革和生产经营的标准化、规范化的提高具有深远的影响。

大连嘉丽住宅产业配套有限公司做的大连"星海旺座"装修，成品房中所有的木作填充体如地角线、门、门扇、吊柜等家具、吊顶和大理石窗台板等都选用该公司所属嘉丽集团所生产的填充体。再如大连松下电工亿达装饰工程有限公司所做的大连"宅语原"装修，成品房中所有与电器有关的产品、厨卫用具等均采用了松下生产的填充体。大连松下电工亿达装饰工程有限公司是松下电工（中国）有限公司与大连亿达集团强强联合、优势互补而成立的合资公司，"一条龙式"家装填充体经营模式可以发挥各自特点，使其在竞标中取得优势。

3.厨房样板展示间1　4.厨房样板展示间2

2.设计模式

（1）"次系统"尽量独立设计

如本文图1所示，支撑体和填充体的所有子系统称为次系统，该次系统应独立设计和施工，只有这样，在住宅的使用过程中，拆、改及更新后对住宅的整体影响才最小，一个次系统的更迭不影响其他次系统的使用。比如大连"中华园"挂壁式太阳能热水器和大连"大有恬园"的屋顶式太阳能热水器都是分户安装，维修方便且易于更新。另如厨房的橱柜填充体：厂家生产橱柜已具规模化，有无穷组合可能，不同产品、花色和样式可以组成变化多端的厨房空间，类似的组合也包括各种卫浴洗漱柜等。再如调查中发现，填充体的管线系统：建筑支撑体的管线与室内填充体的管线既能接合，又可分离，当填充体系统中的管线改变时，不必影响支撑体中的原有管线。大连的"幸福e家"六期项目（大连第四个国家康居示范工程），做了卫生间的同层排水设计，每户的上、下水管线独立。

（2）填充体设计与套型设计同步

5."大有恬园"室内1　6."大有恬园"室内2

我们在调查大连"大有恬园"、"中华园"、"星海旺座"和"宅语原"时发现，家装填充体都是在设计住宅套型之前确定。如"大有恬园"小户型的跃层设计，要先确定填充体钢木楼梯的式样及尺寸，才能把户型设计得更加合理（图5～6）。在装修设计中，做好室内固定的填充体设计，如厨房的抽油烟机、灶具、燃气器具、水槽，卫生间的洁具等；同时预留一定位置摆放移动的填充体，如家具、装饰品、冰箱、电视机、洗衣机等；还要为购房者留出个性化填充体的装饰空间。“大有恬园”除整合填充体设计与套型设计以外，还把家装填充体与规划、建筑、设备等整合，实现了“一张图纸”设计，并把它作为住宅技术链的核心，保证所有填充体材料向整合平台集成，整合各个环节技术，同时也带来了多种填充体材料资源的节约。再如“宅语原”的户型设计，为了解决建筑设计和装修设计的衔接问题，大连松下电工亿达装饰工程有限公司在住宅建筑设计阶段便参与其中，同步进行精装修设计，并将厨房卫生间的填充体的空间尺寸，以及所需开关管线的位置等及时反馈在设计图纸中。

(3)填充体与建筑模数设计

没有统一的建筑模数便无法把众多的住宅填充体准确地搭配起来，会导致大量的材料浪费，降低工作效率。因此，要建立完善的模数协调标准，便于填充体的通用和互换，形成社会化的配套供应，实现建筑装修规模化、集约化的生产模式。如室内门和门窗套等，只有墙厚一致、所有门窗大小按模数递增或递减，其填充体才能更好地互换。调查中发现，目前仅做到了单个小区的住宅套型模数较为统一，设计者比较重视户型的开间、进深的尺寸统一与递进的模数设计，但城市的整体住宅建筑模数还不够统一，今后需要改进和完善。

3.施工模式

(1)样板间先行

调查中，完工或正在施工的工程都是样板间先行，样板间既是售楼看点，供购房者参观、体验，又是施工样板，还可以提前发现一些问题。如前所述，在“定制式”家装填充体的模式中，“大有恬园”即根据提供菜单中任意选择不同标准的产品，进行组合或升级的不同模式进行了不同的样板间设计，使购房者有较大的选择余地。

(2)强调施工质量，施工专业化、组装化

调查中发现，一些成品房施工的专业化还不到位，施工人员很多是临时组织的“马路游击队”，缺乏技术培训。而成品房中的橱柜、卫浴柜、地板等填充体基本由工厂制作完成，现场组装，既提高了效率，也确保了质量，是好的发展方向。

由于采取了“定制式”、“集成式”和“一条龙式”的家装填充体经营模式，保证了家装填充体质量。但是，购房者对施工质量不是100%满意，诸如填充体的现场搭接不够好等等。调查中发现，专业厂家做的填充体(如橱柜等)质量优于土建填充体(如铺地砖等)施工质量。大连松下电工亿达装饰工程有限公司借鉴国外经验，提前进驻建筑主体施工现场进行施工质量验收(图7)，解决了由于建筑施工粗糙而影响精装修的问题，大大节省了装修阶段调整作业所需的时间，提高了施工质量和效率。

7.“宅语原”现场质量验收

四、结语

在大连的楼市中，公寓式小户型集合住宅和单元式100m^{2}左右的集合式住宅成品房装修居多，其中前者多于后者。200m^{2}左右的大户型成品房的家装填充体有其特殊模式，有待进一步总结和研究。随着大连成品住宅建设比例由目前的30%向2010年的80%跃进，应继续全方位研究住宅家装填充体模式，提高其装配化水平和市场的产业流通效率，全面指导设计与施工。

注释

1.约翰·哈布瑞肯著．开放建筑的取向：案例与原则．王明衡译．台湾迈向21世纪之都市住宅研讨会，1994.3

2.鲍家声．支撑体住宅．南京：江苏科学技术出版社，1988.7

3.Fan Yue, Ando Masao. Feasible System of Infill Supply for the Urban Housing in China. Journal of Asian Architecture and Building Engineering, 2006.9

作者单位：大连理工大学建筑与艺术学院